KB079243

주요 해양 생물 자원

[출처 :『水産動植物名辭典』, 현대해양사 발행]

1 바닷고기

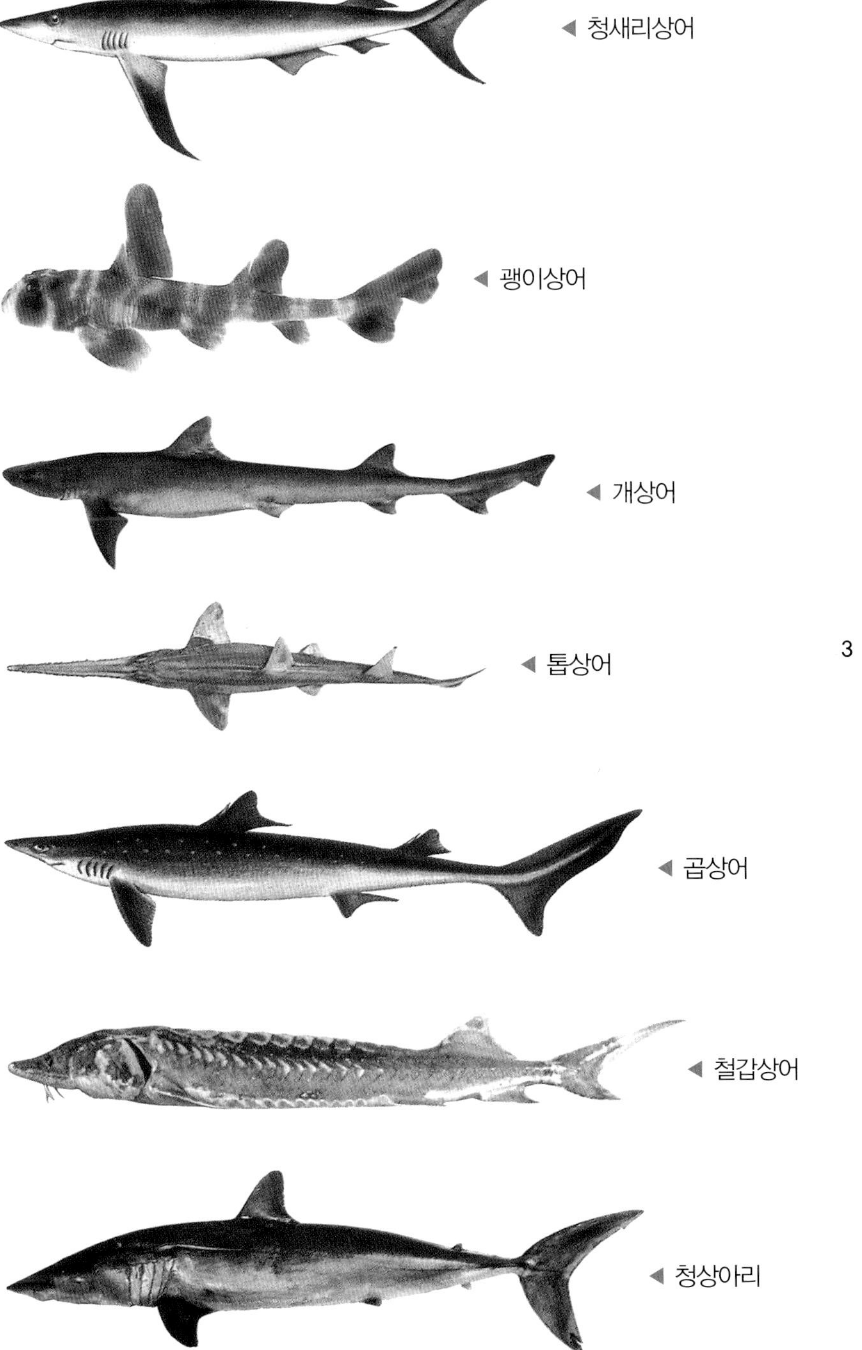
◀ 청새리상어
◀ 괭이상어
◀ 개상어
◀ 톱상어
◀ 곱상어
◀ 철갑상어
◀ 청상아리

▲ 홍어　▲ 흰가오리　▲ 꽁지가오리

▲ 전기가오리　▲ 청달내가오리　▲ 노랑가오리

◀ 나비가오리

◀ 은상어

◀ 전어

◀ 청어

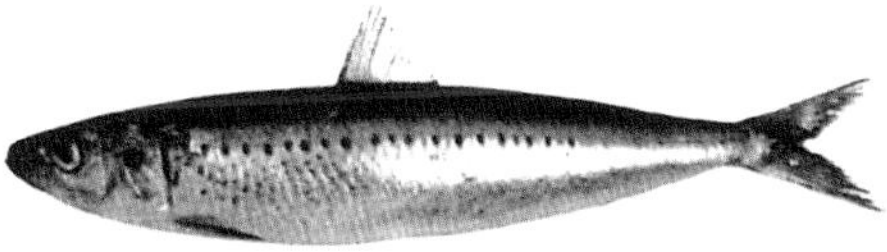

◀ 정어리

◀ 밴댕이

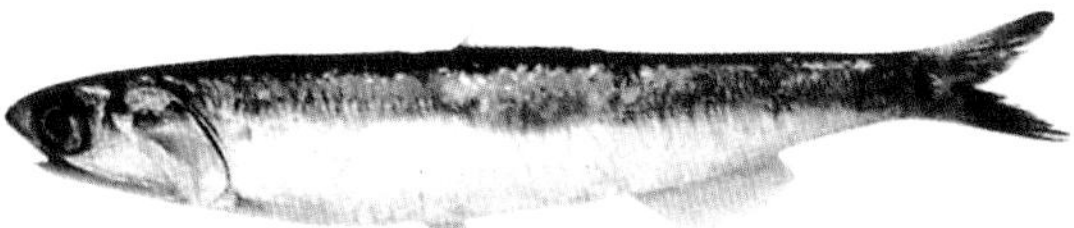

◀ 멸치

◀ 준치

◀ 샛멸
◀ 뱅어
◀ 매퉁이
◀ 황어
◀ 납자루♂
◀ 납자루♀
◀ 쏠종개
◀ 알락곰치

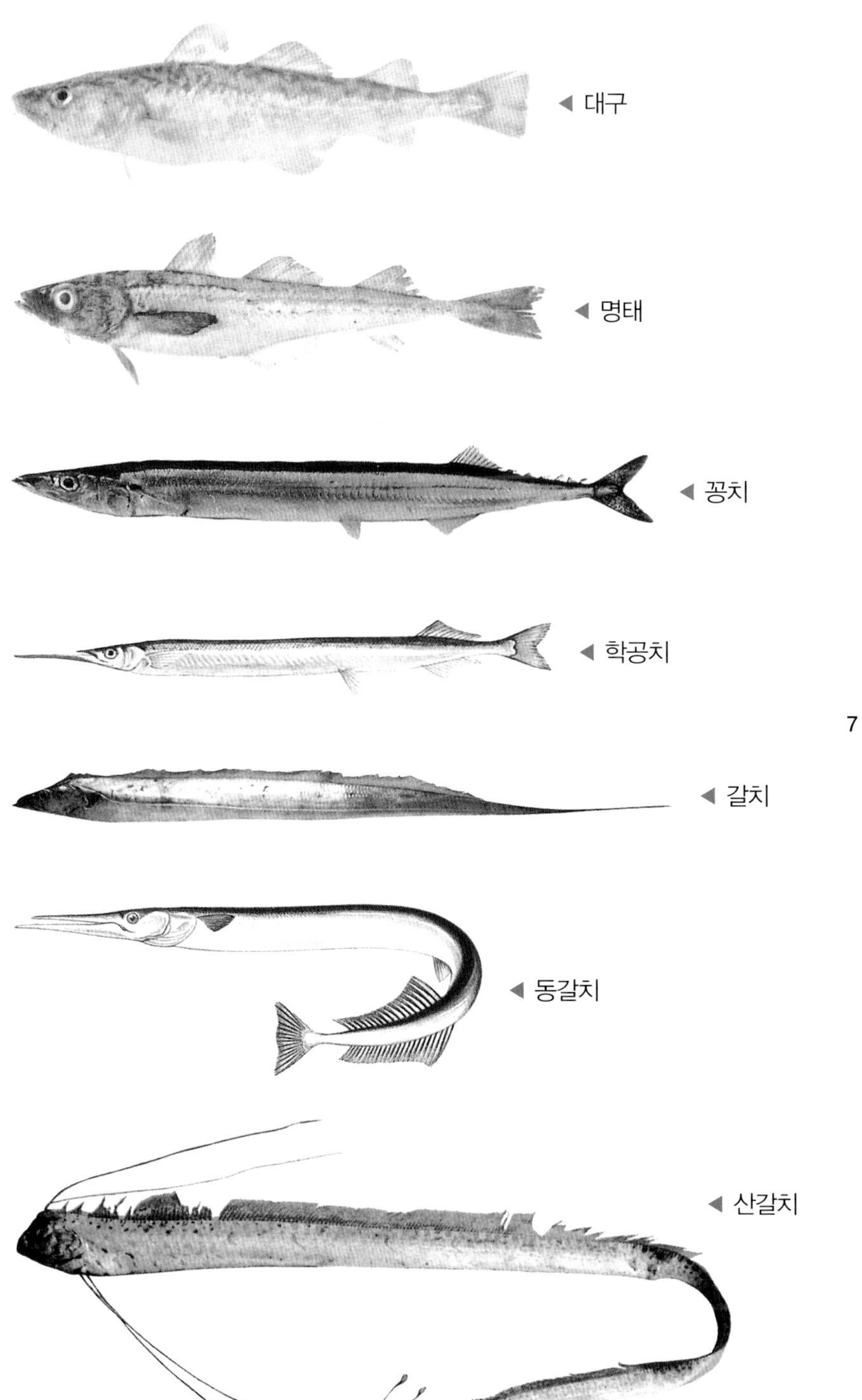
◀ 대구
◀ 명태
◀ 꽁치
◀ 학공치
◀ 갈치
◀ 동갈치
◀ 산갈치

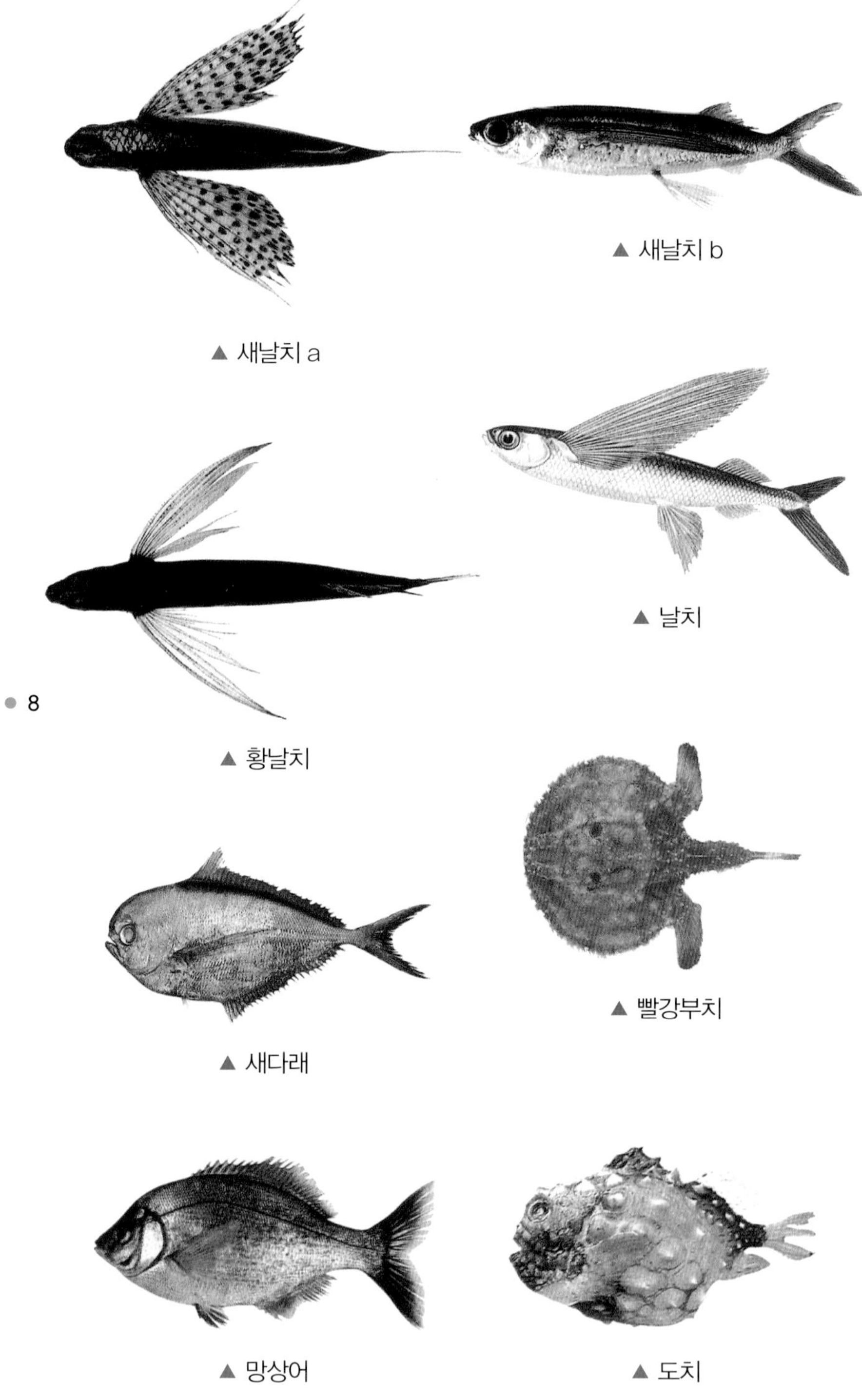

▲ 새날치 a

▲ 새날치 b

▲ 날치

▲ 황날치

▲ 빨강부치

▲ 새다래

▲ 망상어

▲ 도치

▲ 민달고기

▲ 달고기

▲ 사자구

▲ 흰동가리

▲ 철갑둥어

▲ 여덟동가리

◀ 별우럭
◀ 구실우럭
◀ 볼기우럭
◀ 자바리
◀ 홍바리
◀ 우각바리

◀ 벤자리

◀ 황조어

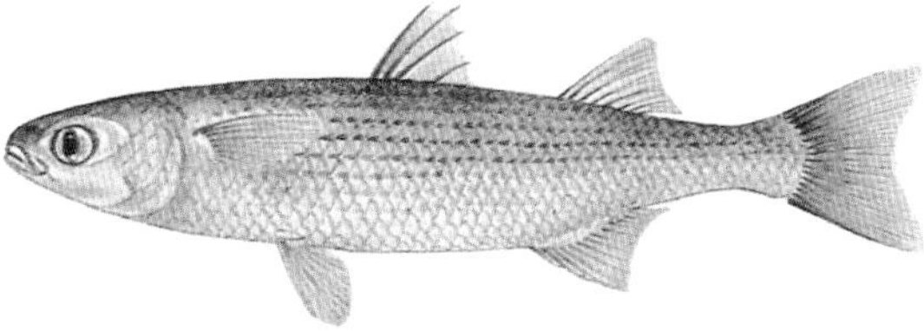

◀ 숭어

◀ 가숭어

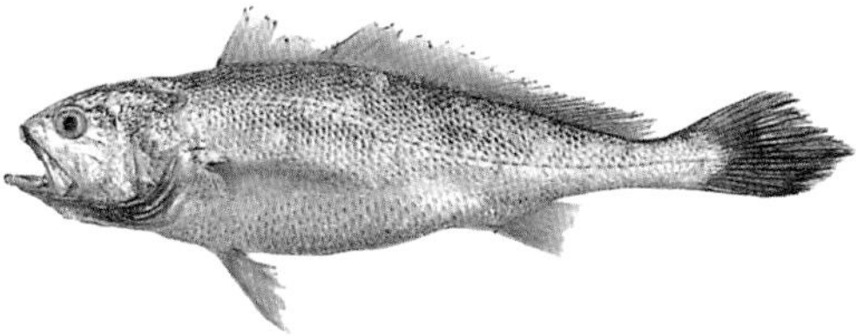

◀ 부세

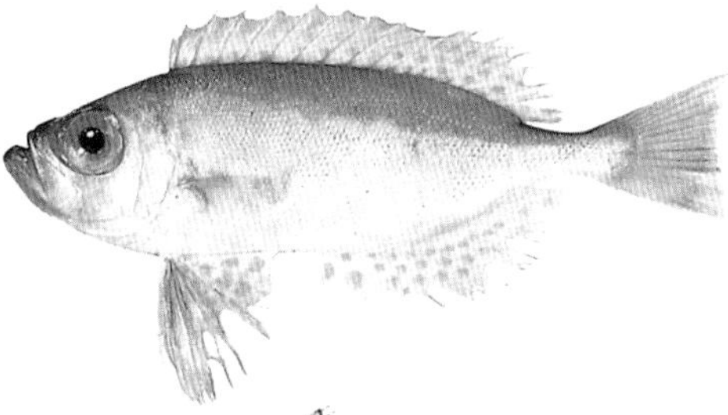

◀ 홍치

◀ 보리멸

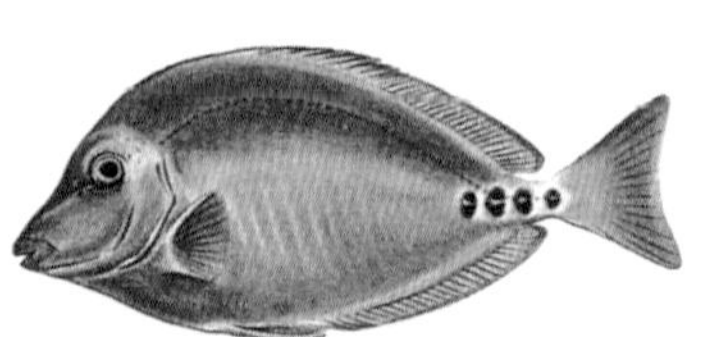

▲ 쥐돔

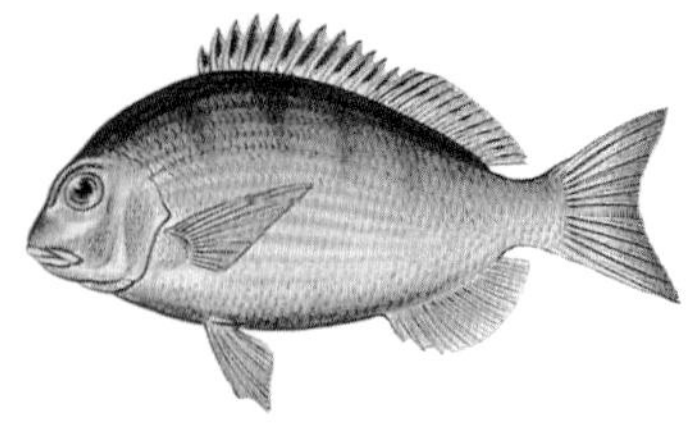

▲ 청돔

▲ 실꼬리돔

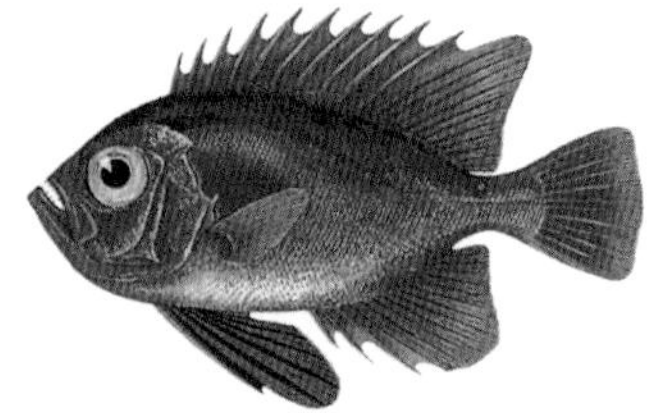

▲ 뿔돔

▲ 줄자돔

▲ 열동가리돔

▲ 황돔

▲ 꼬리돔

▲ 호박돔　　▲ 금눈돔

▲ 참돔　　▲ 옥돔

▲ 돗돔　　▲ 혹돔

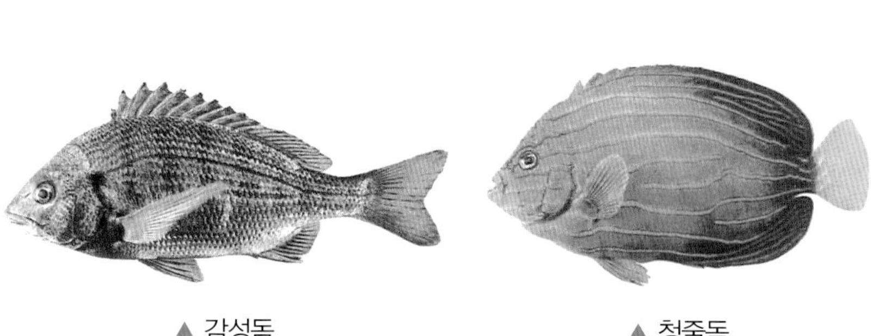

▲ 감성돔　　▲ 청줄돔

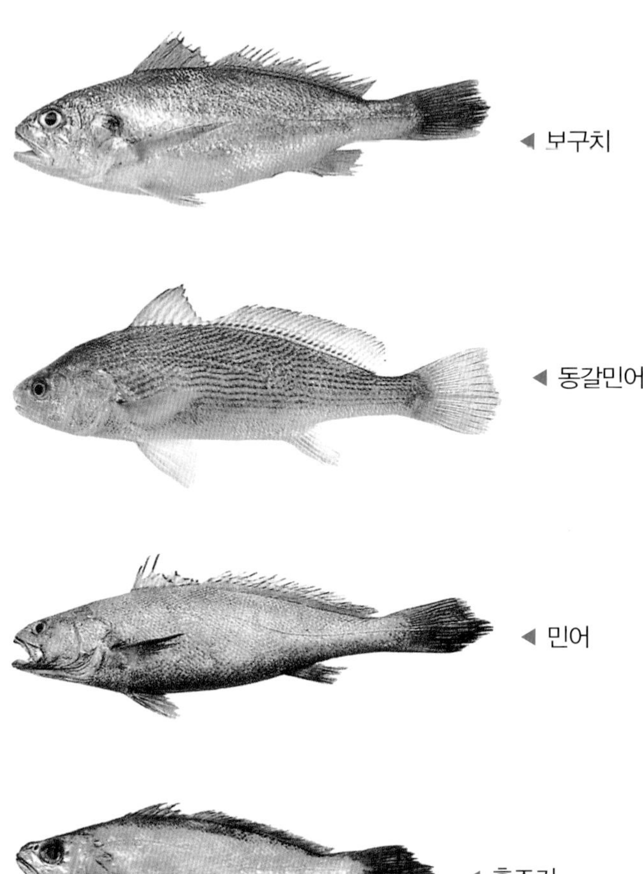
◀ 보구치
◀ 동갈민어
◀ 민어

◀ 흑조기
◀ 참조기
◀ 민강달이

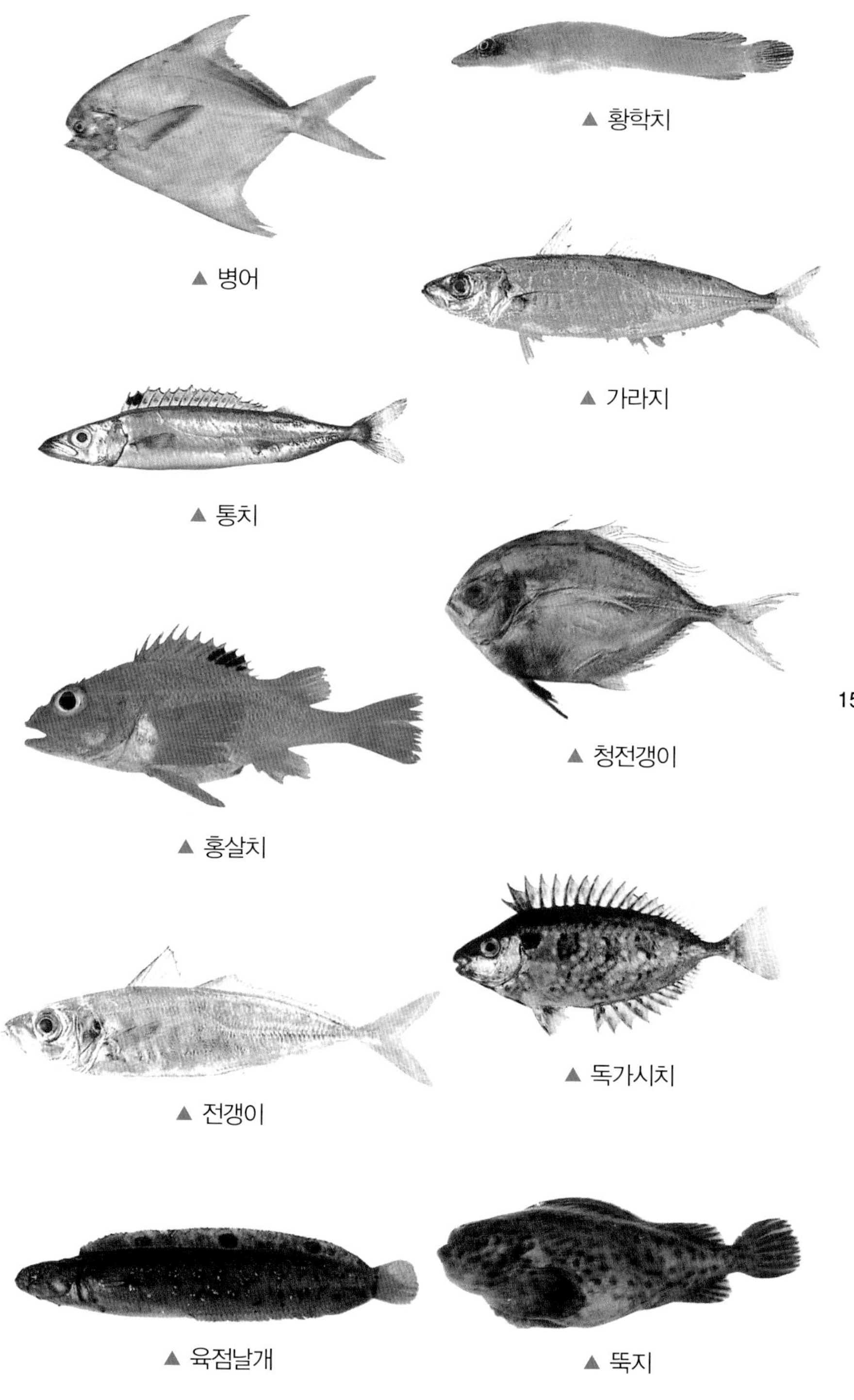
▲ 병어
▲ 황학치
▲ 가라지
▲ 통치
▲ 청전갱이
▲ 홍살치
▲ 독가시치
▲ 전갱이
▲ 육점날개
▲ 뚝지

◀ 갈고등어
◀ 고등어
◀ 부시리
◀ 도루묵
◀ 삼치
◀ 만새기
◀ 노랑촉수

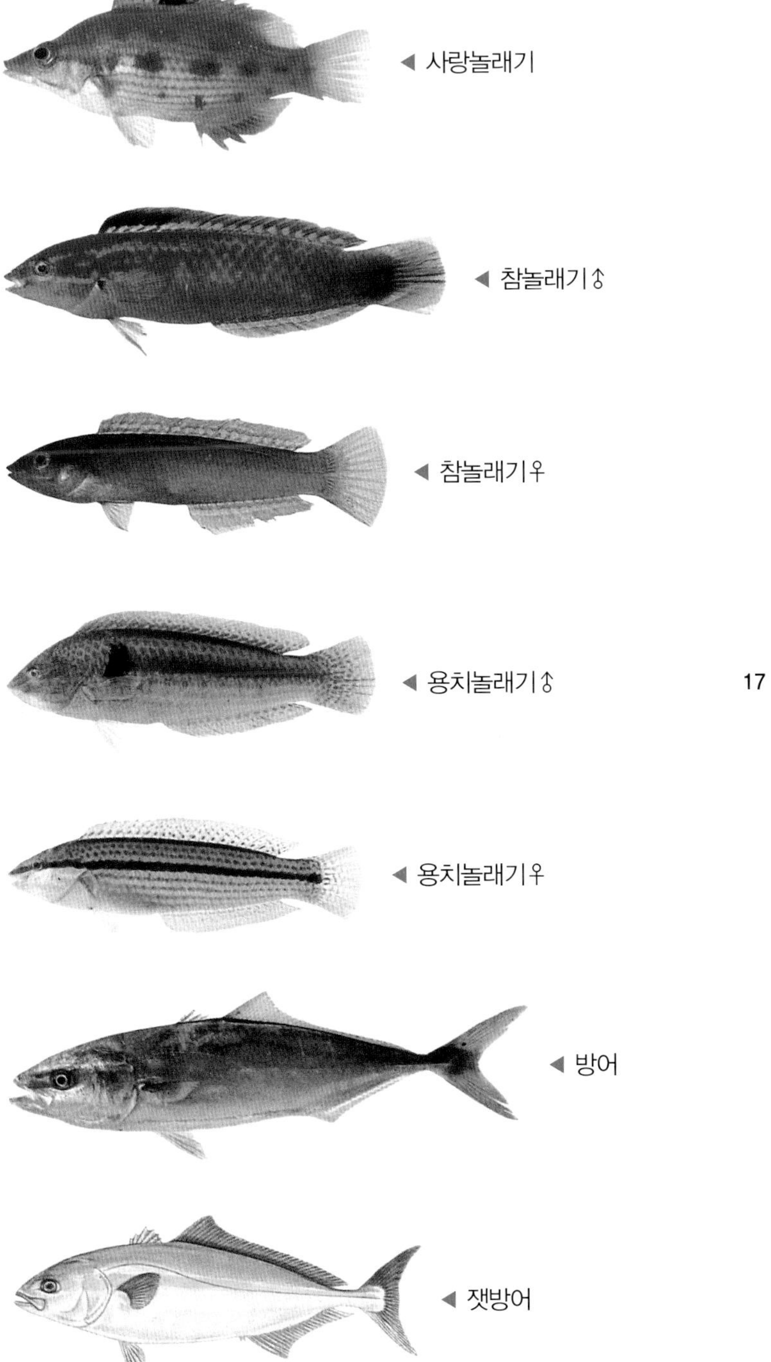

◀ 사랑놀래기

◀ 참놀래기♂

◀ 참놀래기♀

◀ 용치놀래기♂

◀ 용치놀래기♀

◀ 방어

◀ 잿방어

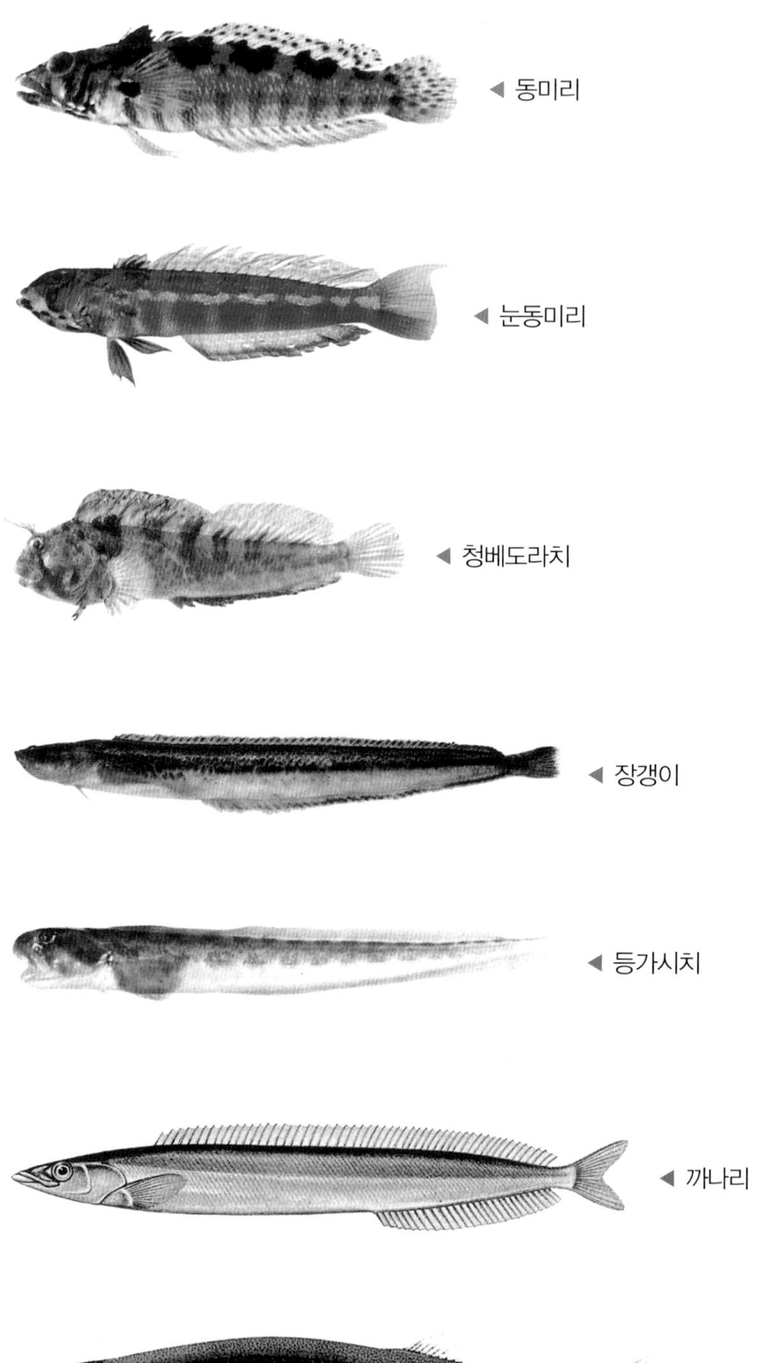
◀ 동미리
◀ 눈동미리
◀ 청베도라치
◀ 장갱이
◀ 등가시치
◀ 까나리
◀ 양미리

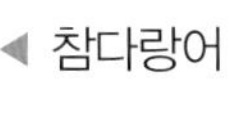

◀ 참다랑어

◀ 눈다랑어

◀ 날개다랑어

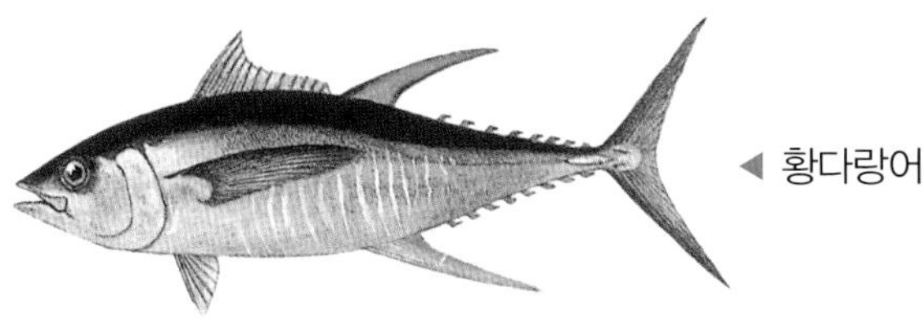

◀ 황다랑어

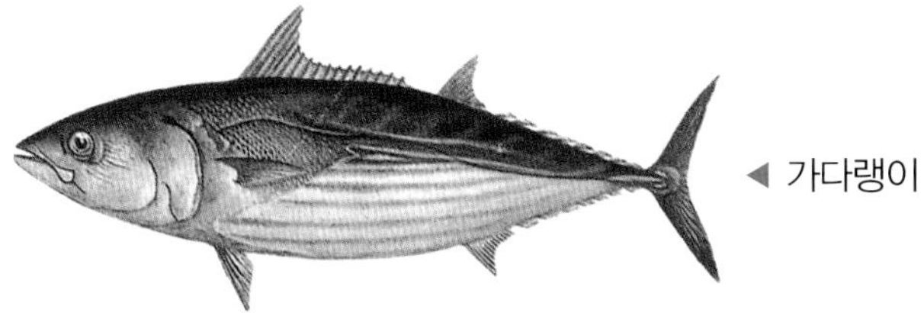

◀ 가다랭이

◀ 농어

◀ 황새치

◀ 청새치

◀ 백새치

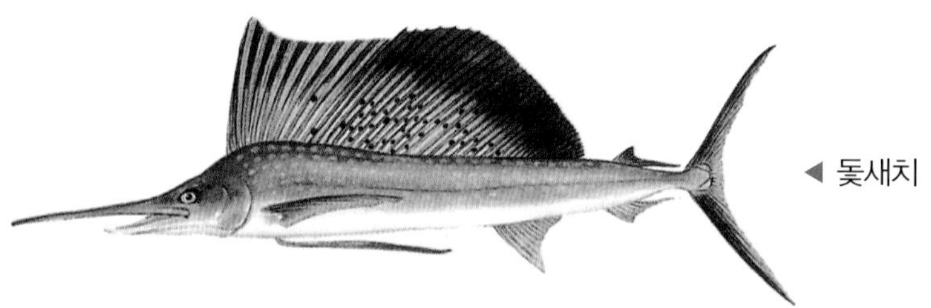

◀ 돛새치

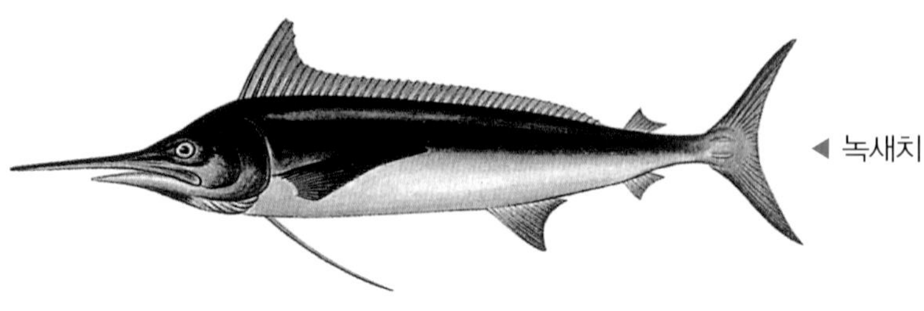

◀ 녹새치

◀ 짱뚱어
◀ 말뚝망둥어
◀ 날개망둑♂
◀ 날개망둑♀
◀ 갈문망둑
◀ 점망둑
◀ 흰줄망둑

▲ 볼낙

▲ 황볼낙

▲ 황점볼낙

▲ 말락볼낙

▲ 홍감 펭

▲ 쏠배감 펭

▲ 쏨뱅이

▲ 쑤기미

▲ 달강어

▲ 연어병치

◀ 쥐노래미

◀ 노래미

◀ 성대

◀ 임연수어

◀ 황성대

◀ 별성대

◀ 양태

◀ 빨간양태

◀ 날개횟대

◀ 동갈횟대

◀ 베로치

◀ 창치♀

◀ 창치♂

◀ 줄전갱이

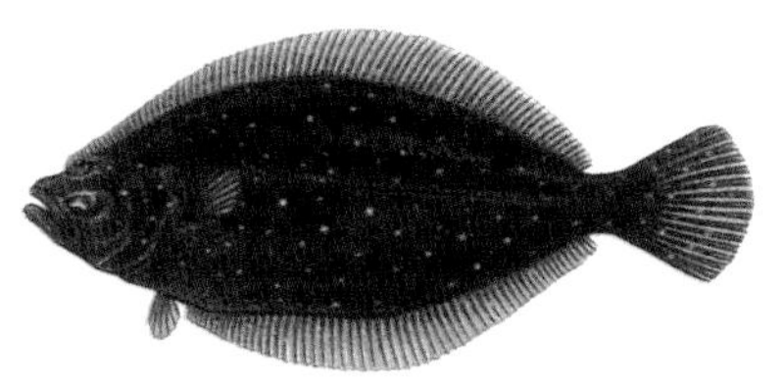
▲ 넙치

▲ 별넙치

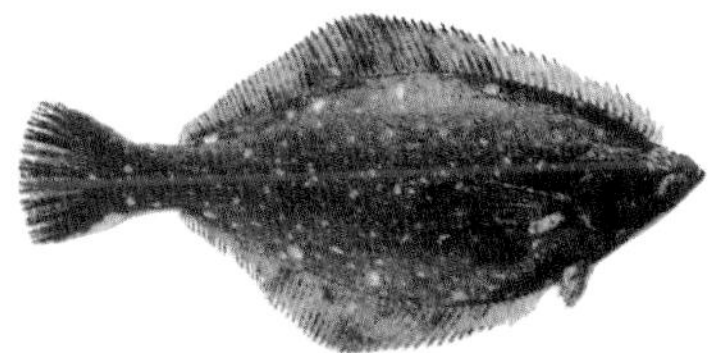
▲ 물가자미

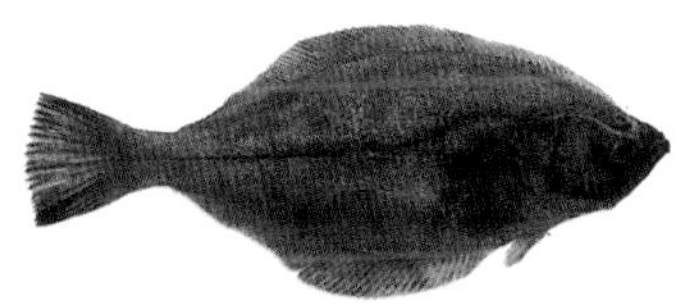
▲ 홍가자미

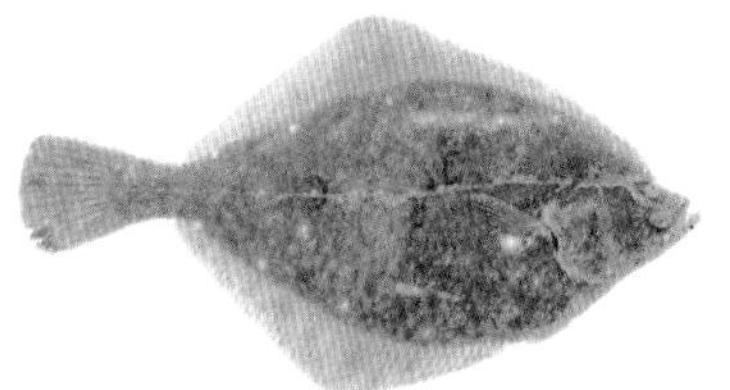
▲ 돌가자미

▲ 참가자미

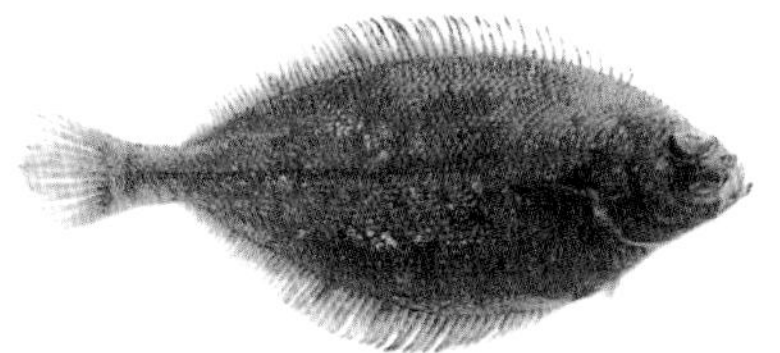
▲ 눈가자미

▲ 각시가자미

▲ 날개줄고기♀

▲ 날개줄고기♂

▲ 갈가자미

▲ 날개쥐치

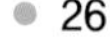

▲ 분홍쥐치

▲ 쥐치

▲ 말쥐치

▲ 그물코쥐치

▲ 납서대

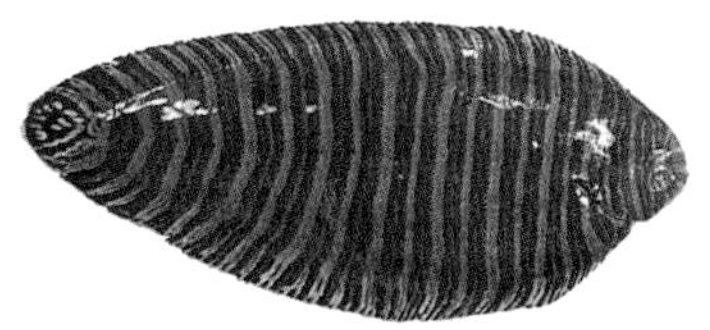
▲ 노랑각시서대

▲ 참서대

▲ 각시서대

▲ 칠서대

▲ 흑대기

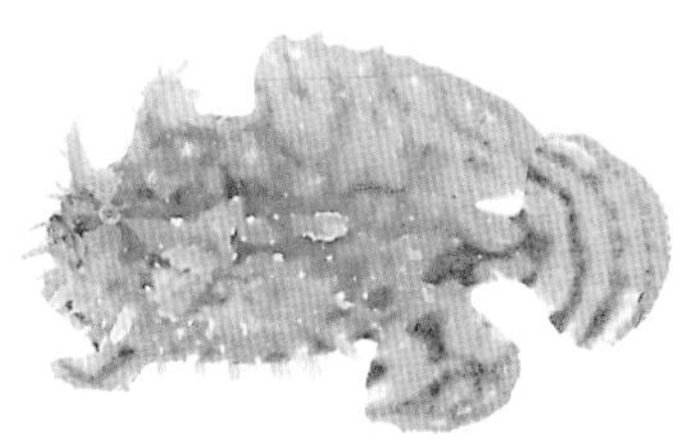
▲ 노란씬벵이

▲ 빨간씬벵이

▲ 자주복

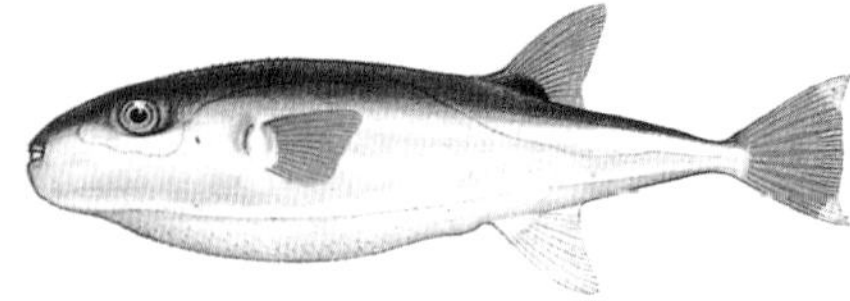
▲ 밀복

▲ 육각복

▲ 복섬

▲ 능성어

▲ 가시복

▲ 청복

▲ 군평선이

▲ 까치복

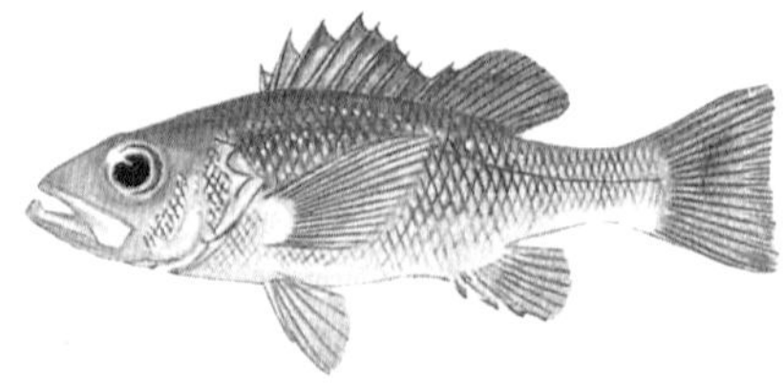
▲ 눈볼대

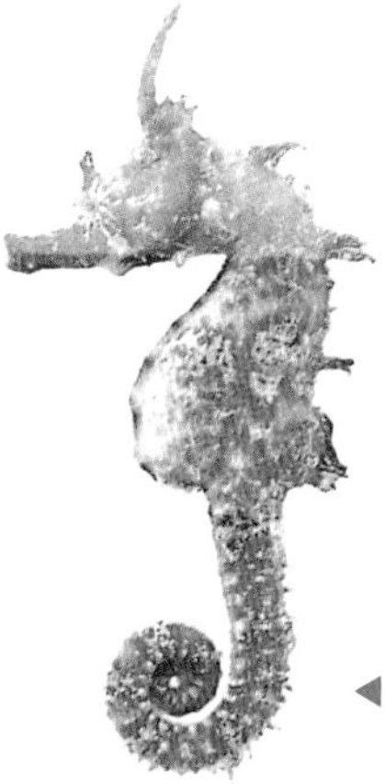

◀ 해마

◀ 개복치

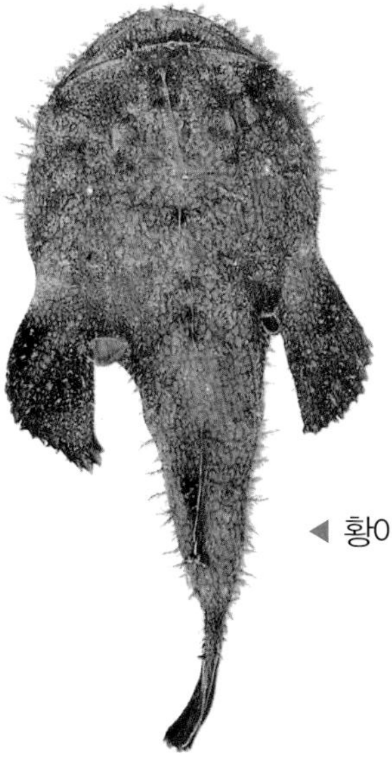

◀ 황아귀

◀ 아귀

◀ 도다리

◀ 강도다리

2 조개류

▲ 말전복

▲ 전복

▲ 토굴

▲ 가시굴

▲ 굴

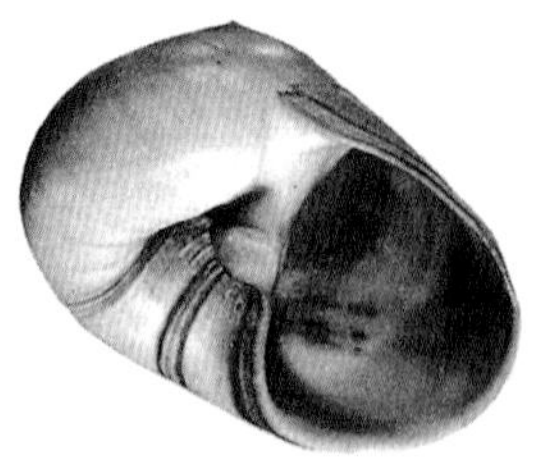

▲ 큰구슬우렁이

▲ 논우렁이

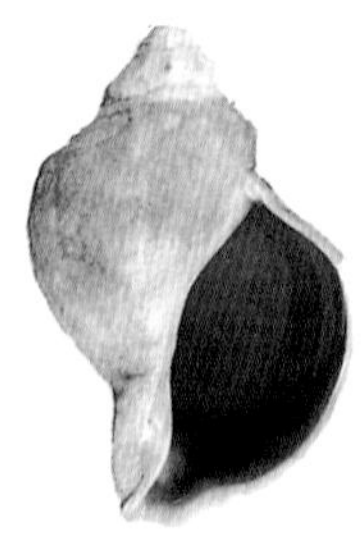

▲ 보라골뱅이

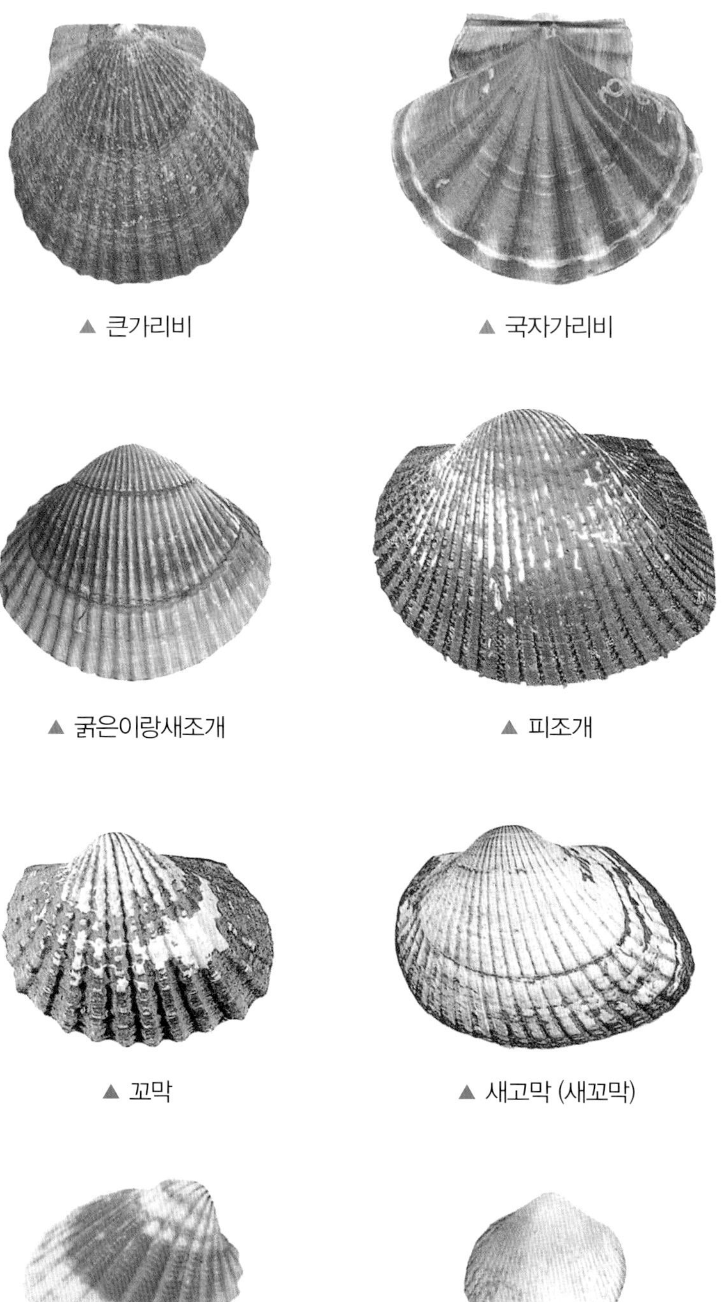

▲ 큰가리비

▲ 국자가리비

▲ 굵은이랑새조개

▲ 피조개

▲ 꼬막

▲ 새고막 (새꼬막)

▲ 갈색이랑조개

▲ 새조개

▲ 우럭

▲ 개량조개

▲ 개조개

▲ 가무락조개

▲ 동죽

▲ 오분자기

▲ 바지락

▲ 거랑재첩

▲ 왜재첩

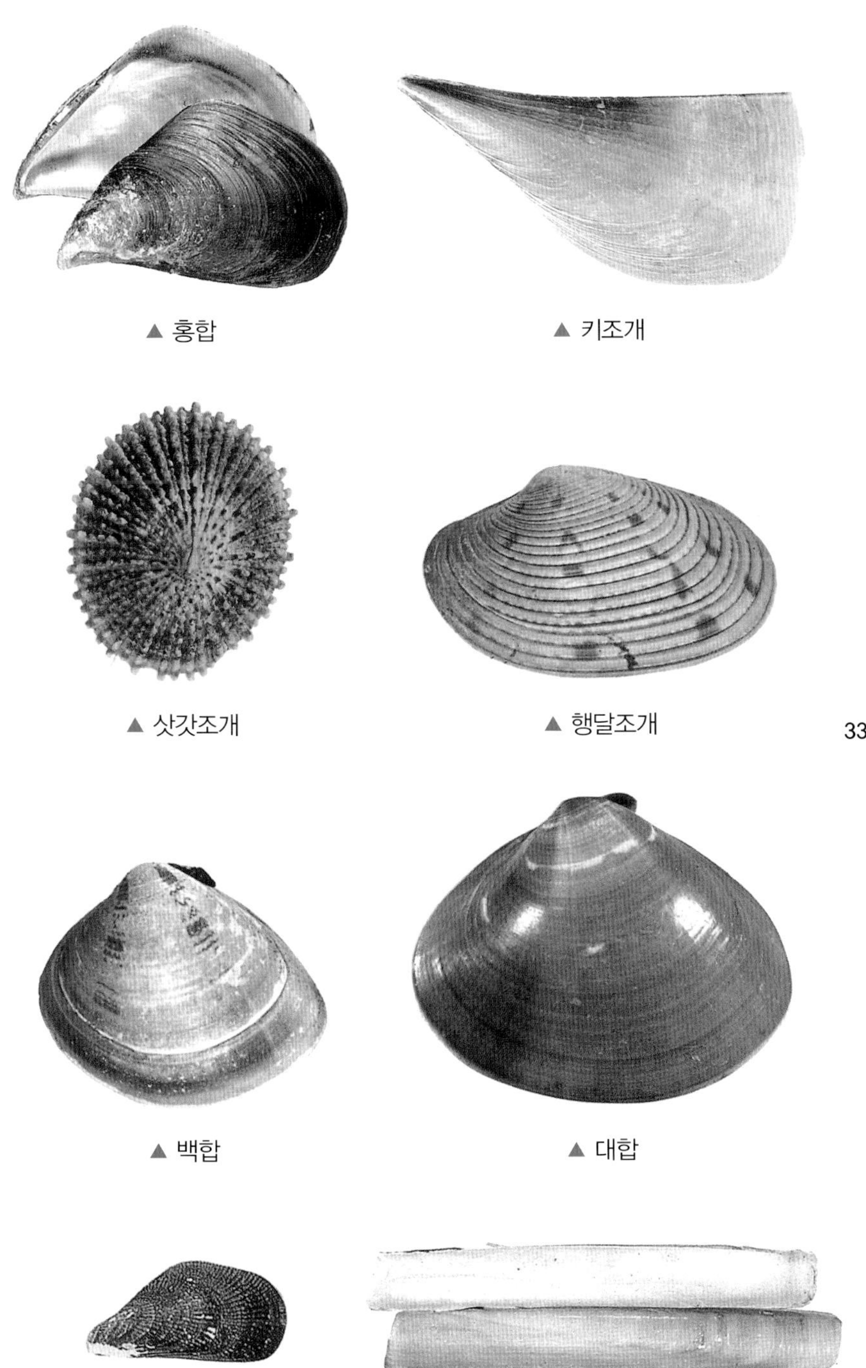

▲ 홍합

▲ 키조개

▲ 삿갓조개

▲ 행달조개

▲ 백합

▲ 대합

▲ 격판담치

▲ 맛조개

▲ 가리맛조개

▲ 진주조개

▲ 각시수랑

▲ 수랑

▲ 다슬기

▲ 대수리

▲ 각시고둥

▲ 보말고둥

▲ 비단고둥

▲ 소라 (소라고둥)

▲ 굵은띠매물고둥

▲ 긴뿔고둥

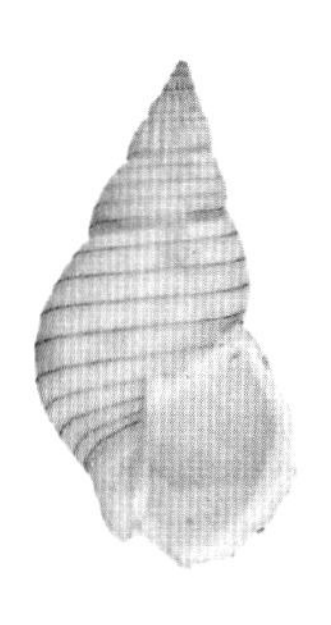

▲ 무늬고둥

▲ 물레고둥

▲ 비틀이고둥

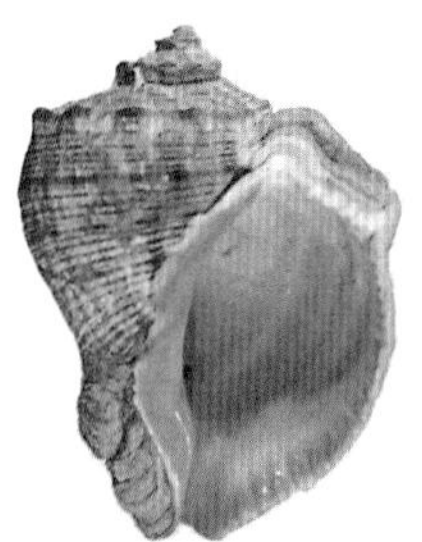

▲ 피뿔고둥

▲ 수염고둥

▲ 갈색띠매물고둥

3 갑각류

▲ 매미새우

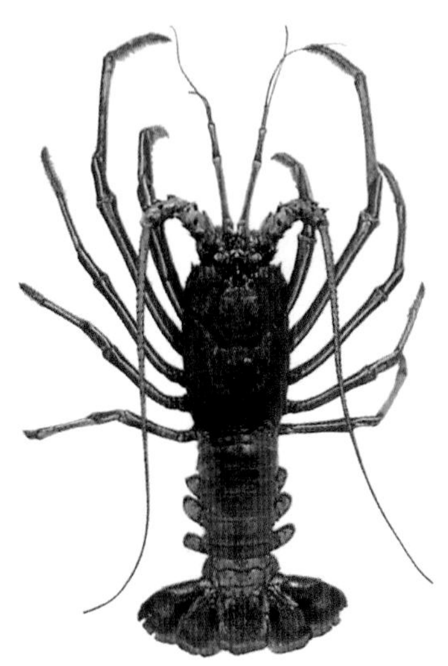

▲ 닭새우

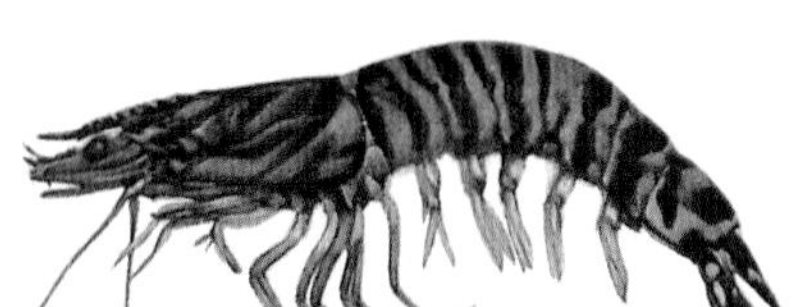

▲ 보리새우

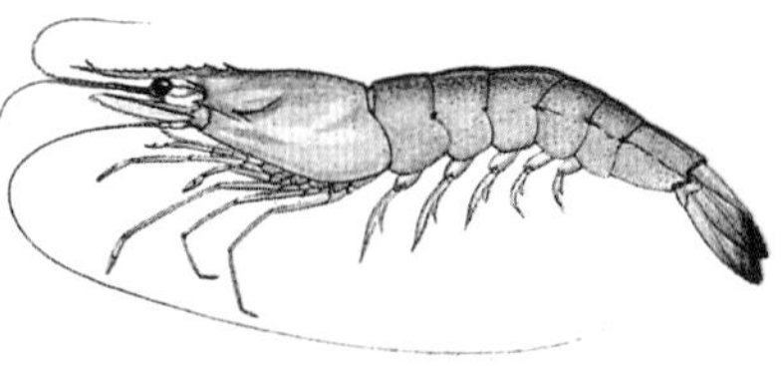

▲ 대하

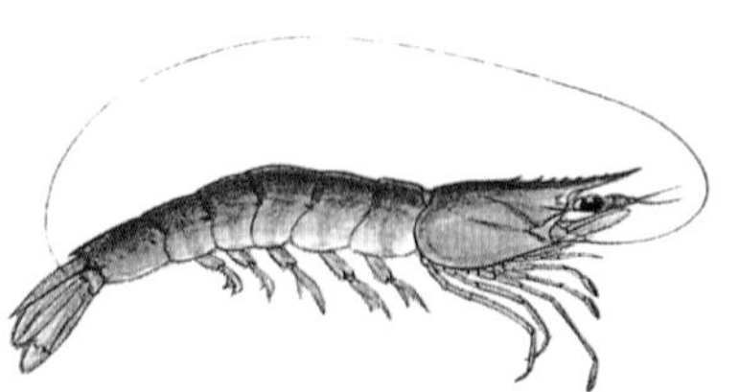

▲ 꽃새우

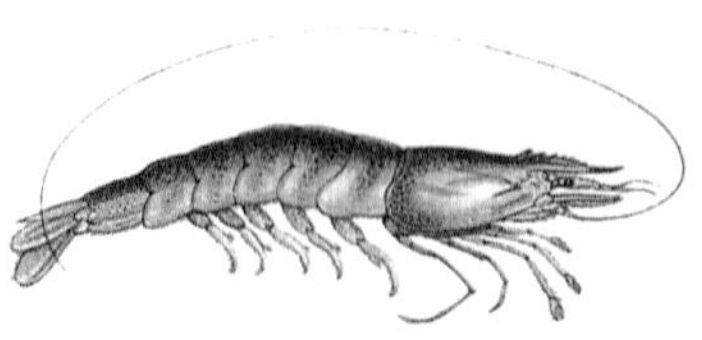

▲ 중하

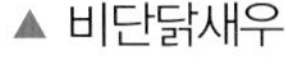

▲ 비단닭새우

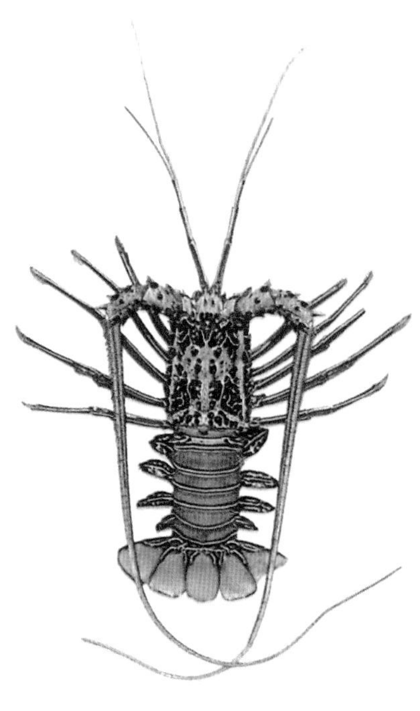

▲ 흰줄닭새우

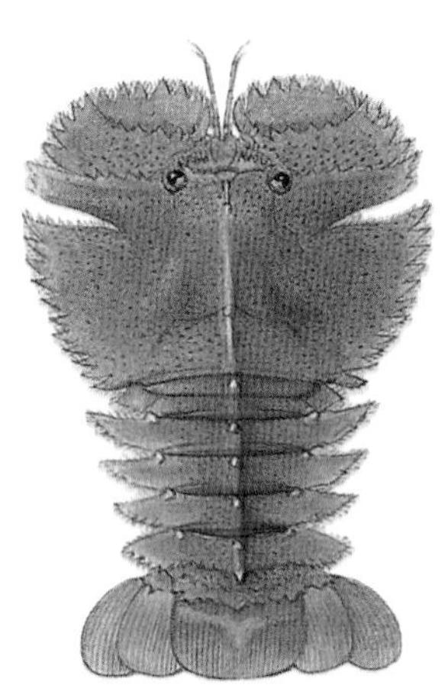

▲ 부채새우

▲ 옴발딱총새우

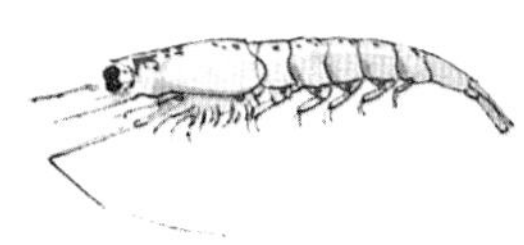

▲ 남극새우

▲ 갯가재

▲ 가시갯가재

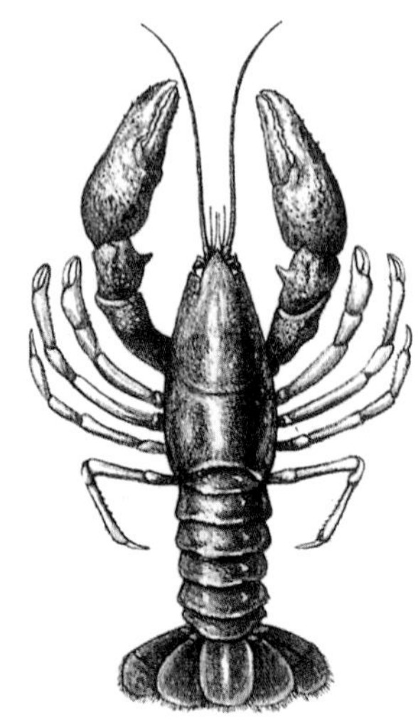

▲ 가재

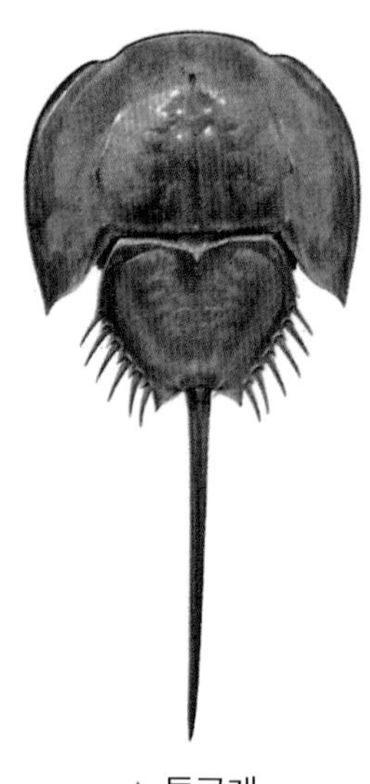

▲ 투구게

▲ 닭게

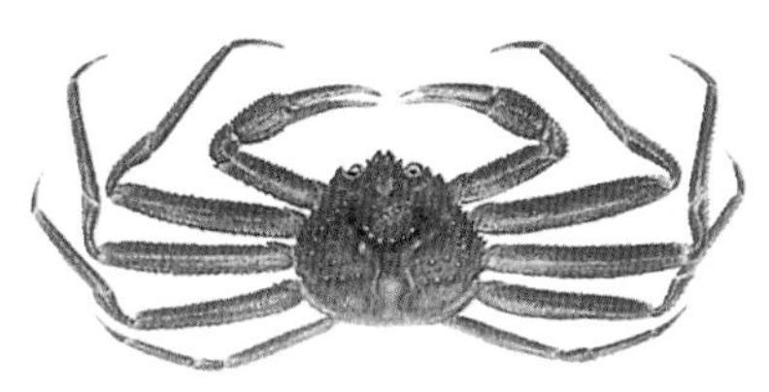

▲ 붉은대게 (장수대게)

▲ 주름꽃게

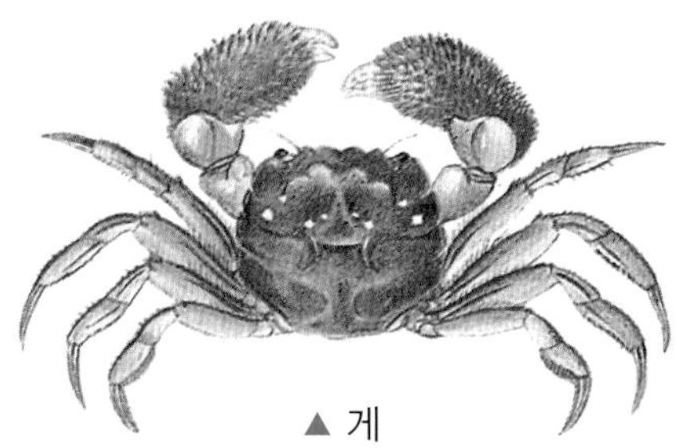

▲ 게

▲ 납작게

▲ 왕게

▲ 밤게

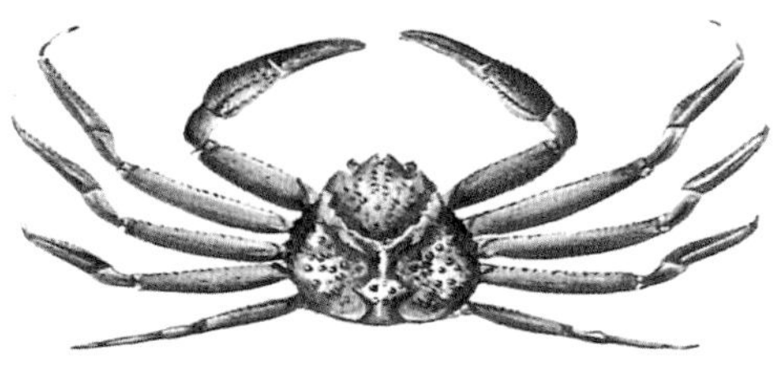

▲ 대게 (영덕게)

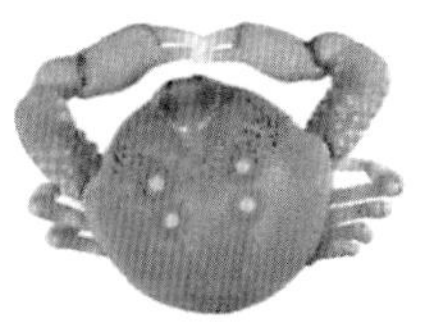

▲ 둥근무늬밤게

▲ 털게

▲ 참집게

▲ 꽃게

▲ 뿔게

▲ 가시투성왕게

▲ 민꽃게

▲ 청색꽃게

▲ 금게

4 강장동물

▲ 보라해면

▲ 흰나팔해면

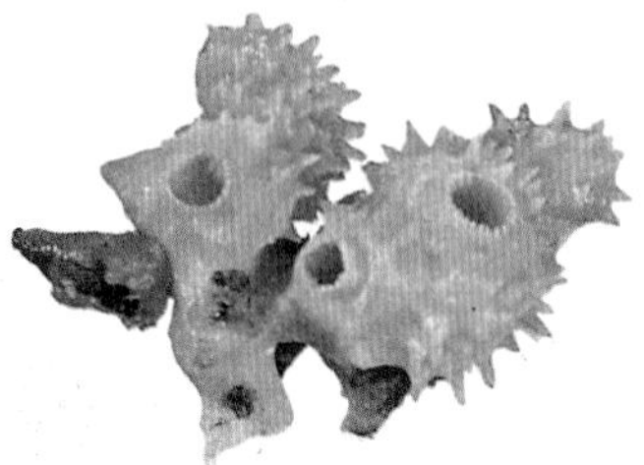
▲ 관예쁜이해면

▲ 검정해변해면

▲ 검정깃히드라

▲ 민테히드라

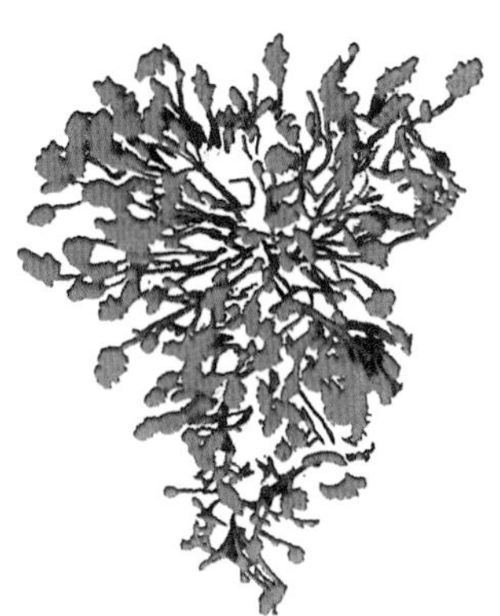
▲ 곤봉히드라

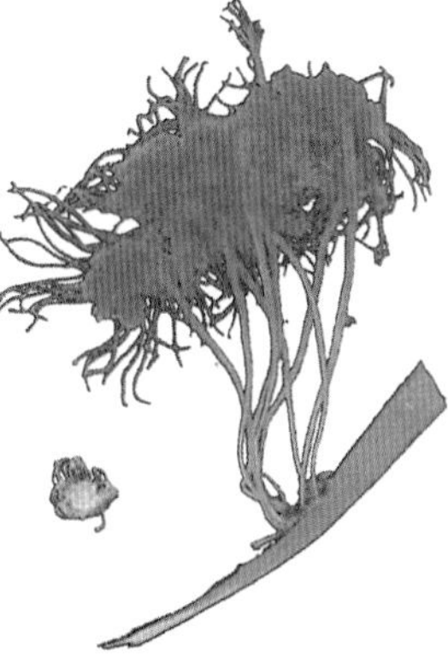
▲ 관히드라

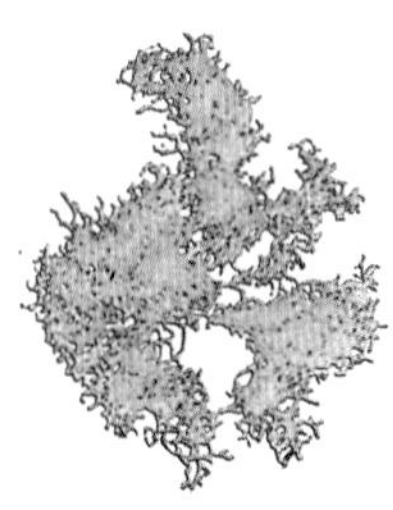
▲ 그물테히드라

▲ 모래말미잘

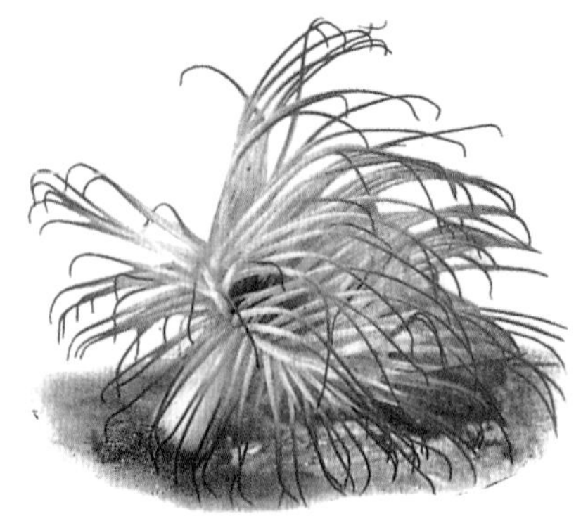

▲ 보라꽃말미잘

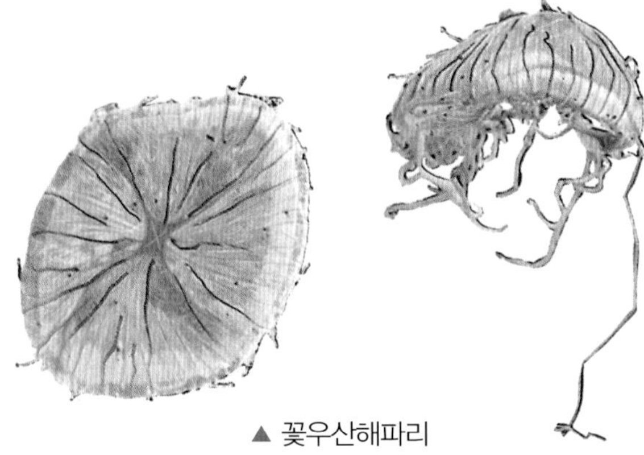

▲ 꽃우산해파리

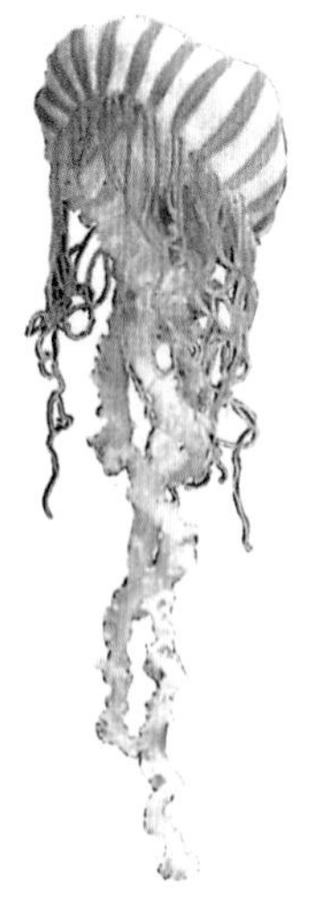

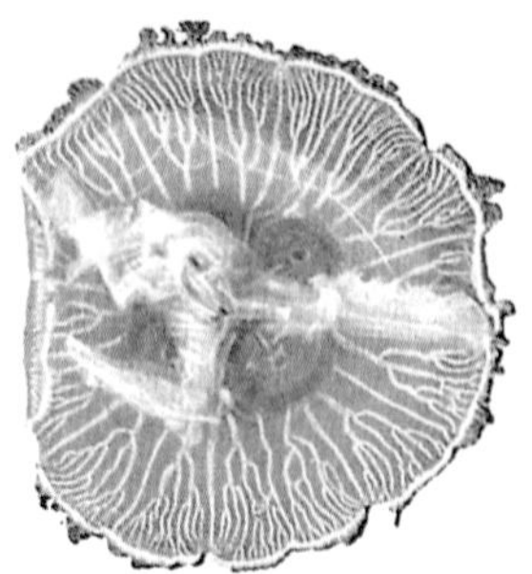

▲ 해파리

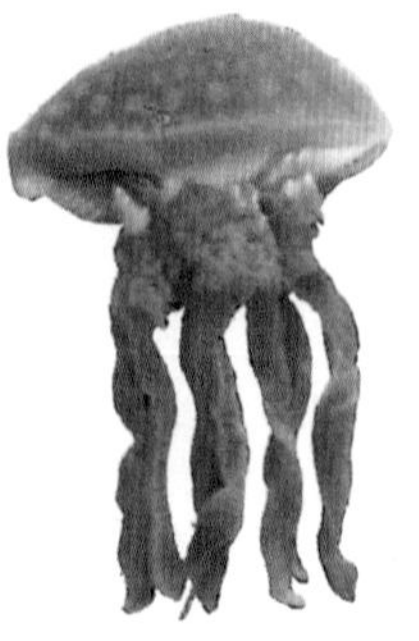

▲ 문어해파리

▲ 대양해파리

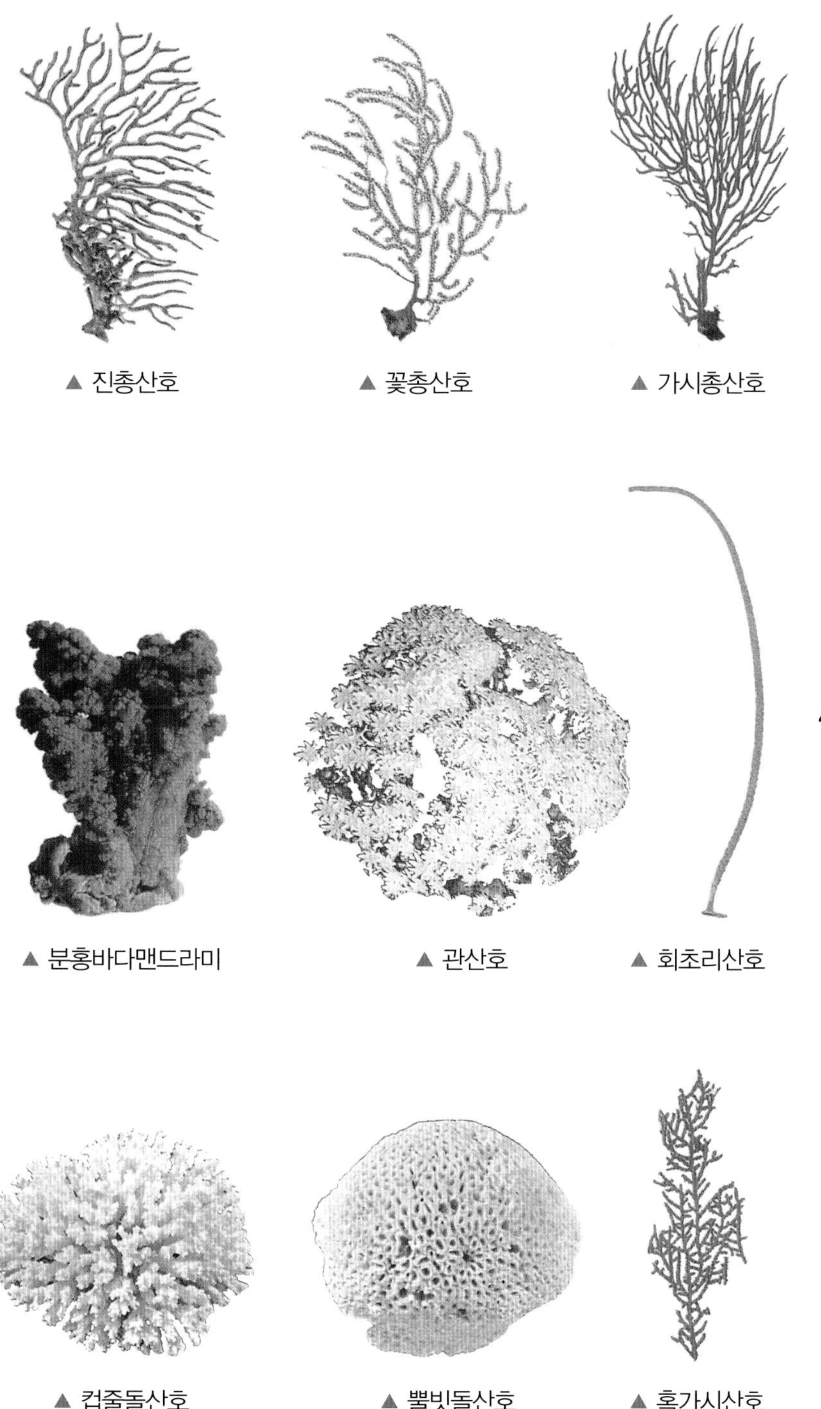

▲ 진총산호 ▲ 꽃총산호 ▲ 가시총산호

▲ 분홍바다맨드라미 ▲ 관산호 ▲ 회초리산호

▲ 컵줄돌산호 ▲ 뿔빗돌산호 ▲ 혹가시산호

5 환형동물

▲ 관털갯지렁이

▲ 노란풀갯지렁이

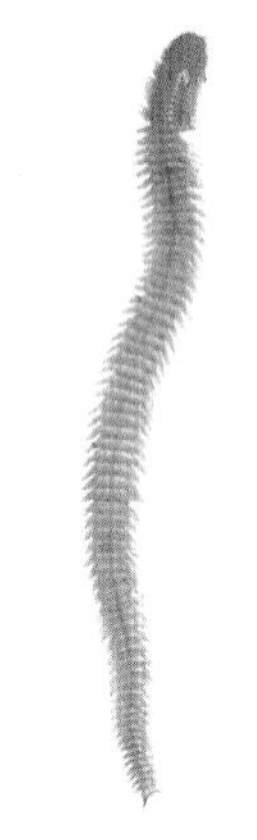
▲ 참갯지렁이

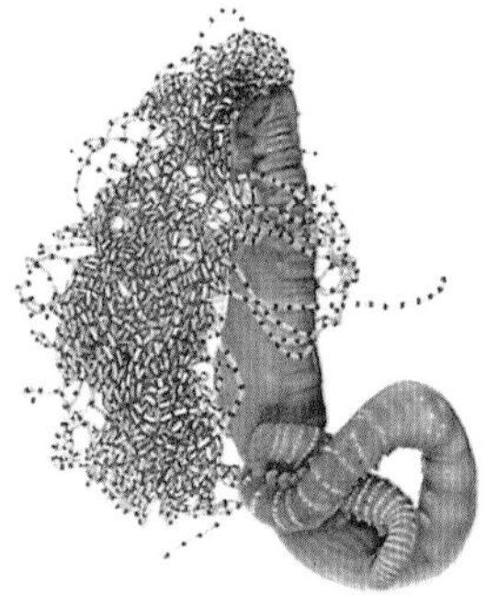
▲ 메두사갯지렁이

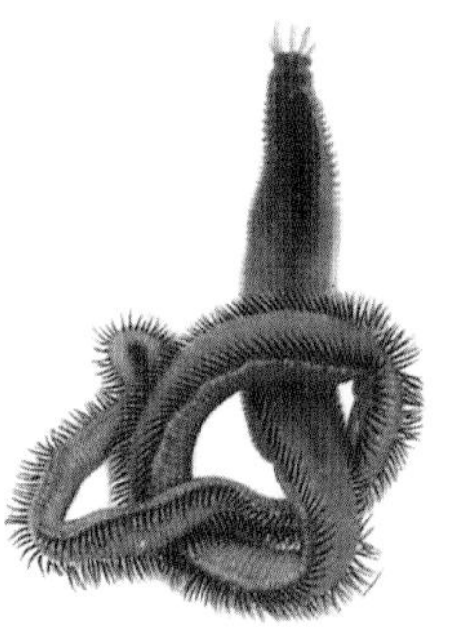
▲ 바위갯지렁이

▲ 개불

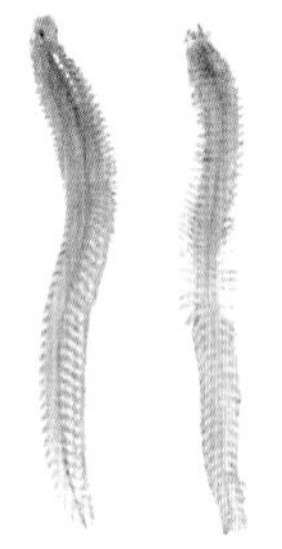
▲ 실갯지렁이

▲ 꽃갯지렁이

6 연체동물

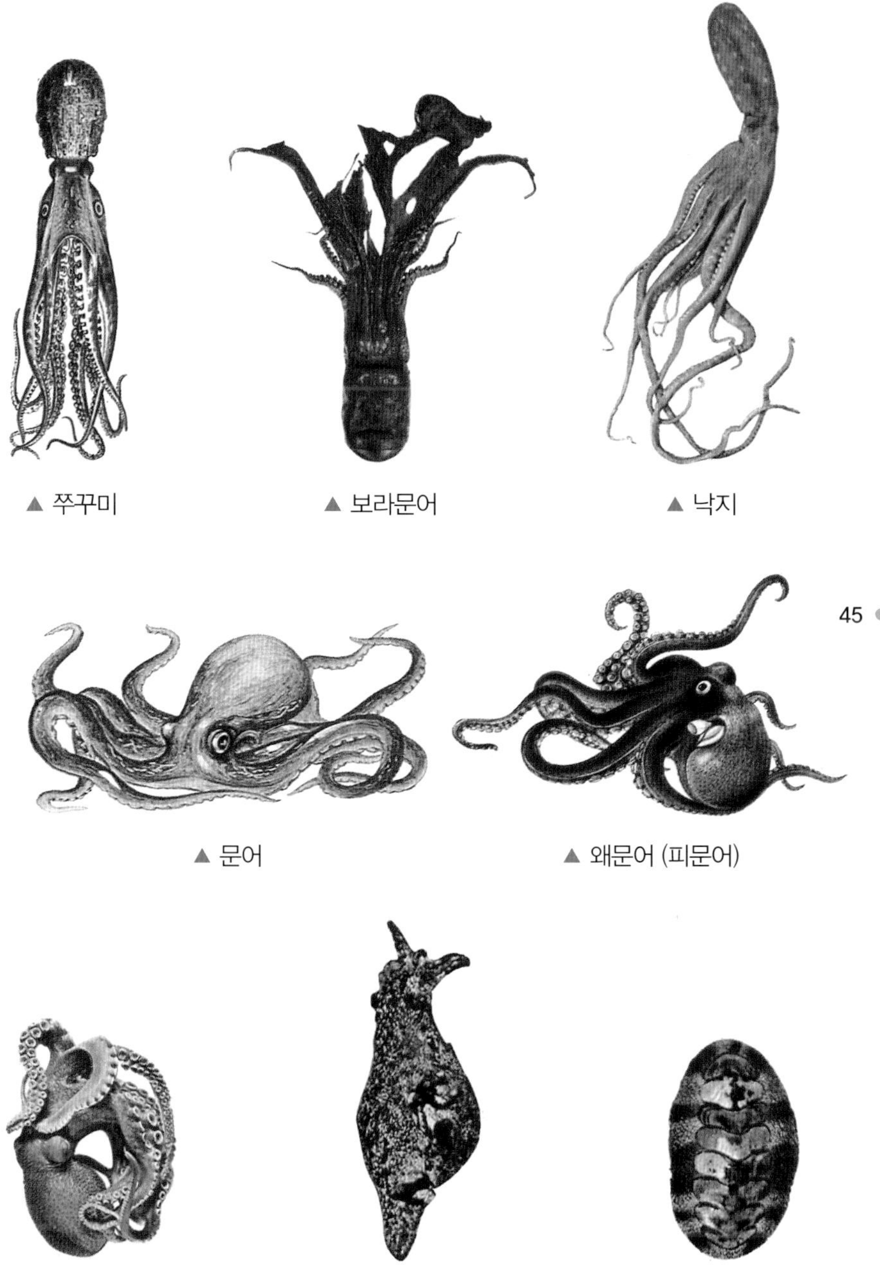

▲ 쭈꾸미

▲ 보라문어

▲ 낙지

▲ 문어

▲ 왜문어 (피문어)

▲ 모래문어

▲ 군소

▲ 군부

▲ 반디오징어

▲ 반원니오징어

▲ 꼴뚜기

▲ 갑오징어 (참오징어)

▲ 귀오징어

▲ 꽃오징어

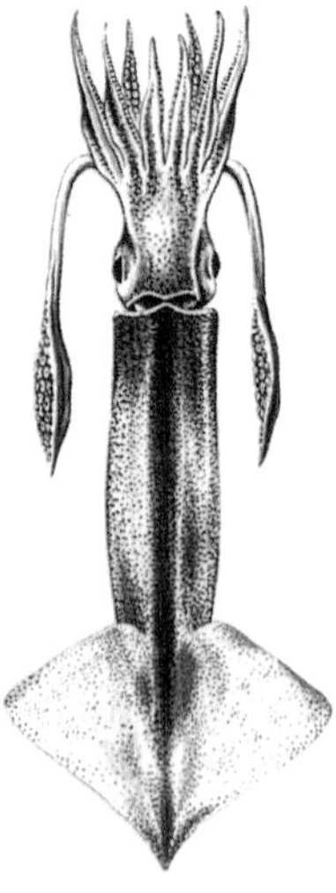

▲ 오징어 (피둥어꼴뚜기)

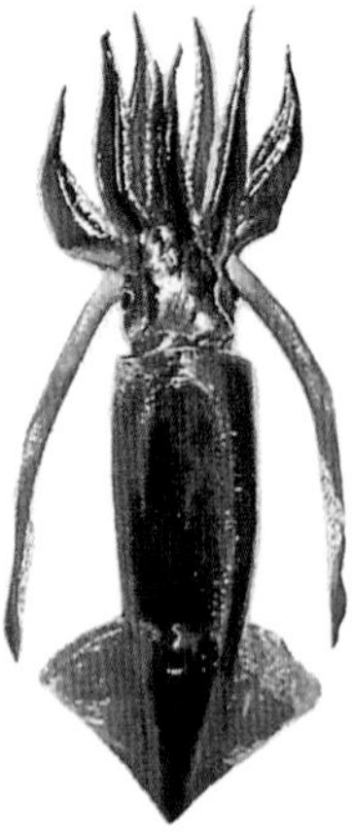

▲ 빨강오징어

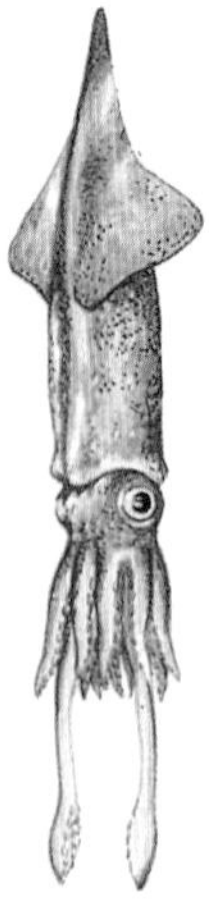

▲ 창오징어

▲ 화살오징어

7 극피동물

▲ 가시거미불가사리

▲ 별불가사리

▲ 단풍불가사리

▲ 가시단풍불가사리

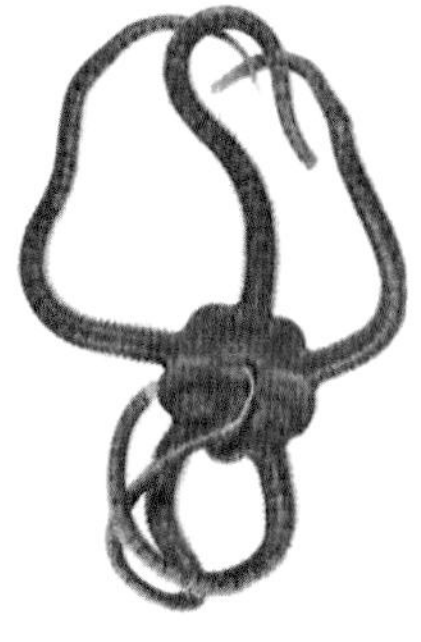
▲ 거미불가사리

▲ 불가사리

▲ 관별불가사리

▲ 해삼 ▲ 톱니관극성게 ▲ 흰해삼

▲ 보라성게 ▲ 분홍성게 ▲ 말똥성게

▲ 관성게 ▲ 방패연잎성게 ▲ 보라바퀴해삼

Marine Sciences

해양과학과 인간

과학나눔연구회 **정해상** 편저

일진사

| 머리말 |

해안 어디서든 높은 곳에 올라 바다를 바라보면 그 광대무변함에 외경심과 신비로움을 느끼게 된다. 저 멀리서 연이어 밀려오는 흰 물결은 친밀함과 유혹의 손짓 같기도 하다.

아마도 이런 소박한 인간의 감상이 거대한 바다로의 탐구심을 부추겼을 것이다. 이 책 역시 생명의 원초적(原初的) 탄생지인 바다에 대한 작은 호기심에서 비롯되었다.

제1장 '바다의 세계'에서는 인간에게 있어서 바다란 어떠한 존재인가, 인간은 어떤 경로를 통해 연안에서 원양으로, 얕은 바다에서 심해로 진출하게 되었는가를 소개했다. 그리고 최초의 바다 탐험이 터무니 없는 모험 가득한 항해로 시작되었다는 것과 오늘날에 이르러 심해가 얕은 바다와 마찬가지로 어떻게 연구 대상이 되었는지 그 경위를 기술했다.

제2장 '생동하는 바다'에서는 바닷물의 화학적 성질과 에너지와의 관련, 해양과 대기 간의 물질과 에너지의 순환, 파도와 해류(海流), 대순환에 대하여 물리학적 관점에서 해양의 특성을 설명하였다.

제3장 '바다와 기후'에서는 기후와 해양의 관련성, 특히 바다의 물리적 에너지와의 관련성과 그 에너지의 이용에 관하여 설명하였다.

제4장 '바닷속의 물질 교대'에서는 태양 에너지가 화학 에너지로서 먼저 식물에 흡수되어 에너지 물질로 체내에 축적됨과 동시에 생체 물질의 합성에

이용되는 과정, 증식한 식물이 동물에게 섭취되는 과정, 동물이 증식하게 되는 물질 교대의 과정을 설명했다.

제5장 '바다의 생물 자원'에서는 어류와 고래, 새우 등 바다생물의 특징과 서식 환경, 먹이를 기술하였다.

제6장 '바다의 광물 자원'에서는 심해저에 부존되어 있는 망간 단괴, 코발트 크러스트, 메탄 하이드레이트 등의 실태와 탐사, 그리고 인양 기술을 소개하였다.

제7장 '심해의 세계'에서는 해저의 구조, 심해를 보는 방법, 해저 산맥, 깊이와 지자기 등을 소개하였다.

제8장 '바다와 인간의 하모니'에서는 해양이 인간과 어떠한 관계를 유지하고 있는지, 또 바다 자원의 실태와 그 보권, 해양 오염이 바다 자원에 미치는 피해 등을 설명하여 바다의 소중함을 일깨워 주고 있다.

끝으로, 이 책과 마주하는 독자들이 바다를 올바로 이해하여, 바다에 대한 보다 깊은 애호와 바다 탐험에 대한 꿈을 갖게 된다면 필자로서는 더 없는 보람으로 생각하겠다.

편저자 정해상

| 차 례 |

• 주요 해양 생물 자원

1장 바다의 세계

2장 생동하는 바다

3장 바다와 기후

4장 바닷속의 물질 교대

5장 바다의 생물 자원

6장 바다의 광물 자원

7장 심해의 세계

8장 바다와 인간의 하모니

1장

바다의 세계

바다의 세계

바다와 바닷물

지구 상의 이곳저곳 웅덩이에 물이 고이고, 그 고인 물들의 전체가 하나로 이어져 바다가 되었다. 바다의 전체 넓이는 지구의 총 표면적 5억만 제곱킬로미터의 약 70퍼센트에 이르는 3억 6천만 제곱킬로미터나 된다. 지구는 이토록 넓게 물로 덮여 있다. 바닷물의 부피는 약 13억 7천만 세제곱킬로미터 정도이다.

이 방대한 바닷물에는 식염이 되는 염화나트륨(sodium chloride)을 비롯하여 마그네슘(magnessium), 칼륨(potassium), 브롬(bromine) 및 금, 은, 동 등 수많은 무기 염류와 원소들이 용해되어 있다.

바닷물은 태양열을 받아 끊임없이 증발하고 있으며 증발한 물은 비가 되어 지상에 내리고 암석, 흙, 지상의 염분 등을 녹인 물이 강을 거쳐 바다로 흘러든다. 하지만 강물은 짜지 않다. 강물에는 바닷물만큼 많은 양의 염분이 용해되어 있지 않지만 오랜 세월에 걸쳐 흘러든 염분이 현재의 바닷물에 축적된 것이라고 한다.

염분을 함유한 인간의 혈액은 바닷물의 염분과 깊은 관계가 있다. 그런 관계로 인간과 생물은 바다에서 발생했다고 한다.

인류와 바다의 연관성에 관해서는 지구 상의 생명의 기원에서부터 고찰해 볼 필요가 있다.

생명의 기원

어떤 사람은 생명이 약 35억 년 전에 지구상에 나타났을 것이라고 한다. 또 다른 사람은 그렇게 멀지 않고 좀 더 가까울 것이라고 한다. 어느 쪽이 되었든 생명의 기원 연대를 규정할 수 있는 확실한 증거는 어디에도 없다. 그러나 적어도 고생물학자는 34억 년 전, 지층에서 현재의 남조(藍藻)와 유사한 원시 생물을 발견한 바 있다.

그와 같은 원시 생물에서 진화하여 다양한 생물이 바닷속에 태어났다.

어떻게 하여 원시적인 식물이 지구상에 탄생하고, 그것이 고등 식물로까지의 진화하게 되었는가. 원시적인 단세포 동물이 탄생하고, 그것이 다세포 동물로 진화하였는가. 또, 물의 세계에서 방출된 식물군과 동물군이 어떻게 하여 건조한 대지로 오게 되었는가. 이런 문제들은 영원한 수수께끼라 할 수 있다.

그리고 몇억 년에 걸친 길고 긴 연대로 이어진 연속적인 진화가 인류를 탄생시켰다. 인류의 출현은 약 100만 년 정도 이전이었다고 한다.

인간 생명의 상징이기도 한 혈액은 단지 조상의 대물림으로서만 잔존해 있는 것이 아니라 화학적으로 보더라도 혈액 중의 염분 종류라든가 비율이 바닷물 중의 종류나 비율과 기묘할 정도로 비슷하다. 몸체에서 스며나오는 짭짜름한 땀방울 등, 모두가 인간이 바다에서 발생했다는 것을 시사한다. 인류는 이 아득한 옛날의 '혈통'을 그 몸 안에 간직하고 있는 것이다.

지구 상에서 생명이 처음 탄생한 곳

심해의 열수(熱水) 분출공에서 태양 에너지에 거의 의존하지 않는 독자적인 생태계가 발견됨으로써, 지구 상의 최초 생명이 열수 분출공 같은 곳에서 탄생하였을지도 모른다는 가능성이 제기되었다.

열수를 취수하여 조사한 결과 고온 환경을 선호하는 박테리아인 호열성 세균이 발견되었다. 또 지구 상의 다양한 박테리아 유전자를 조사하여 보면 오랜 형태의 박테리아는 모두 호열성(好熱性) 세균이었다.

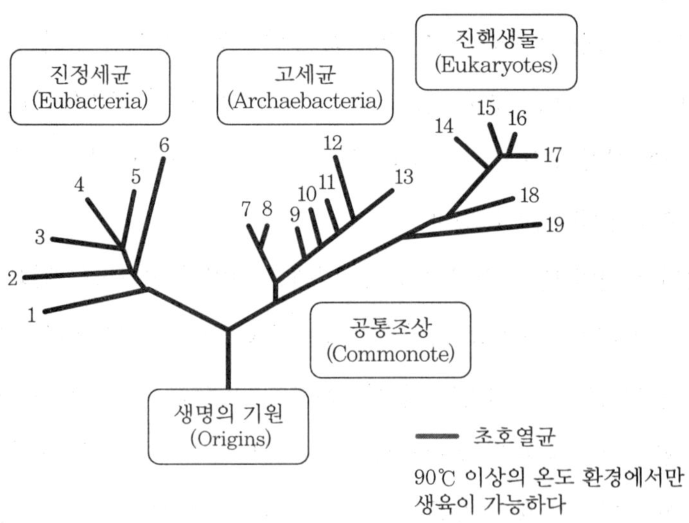

전생물의 진화 계통나무(일부 간략화)

지구 밖 생명의 가능성

지구의 최초의 생명이 열수나 지각 안과 같은 고온 환경에서 탄생했다면, 그리고 태양광과 산소가 없는 곳에서 생명이 탄생했다고 하면 우주에도 생명이 존재하는지 모른다.

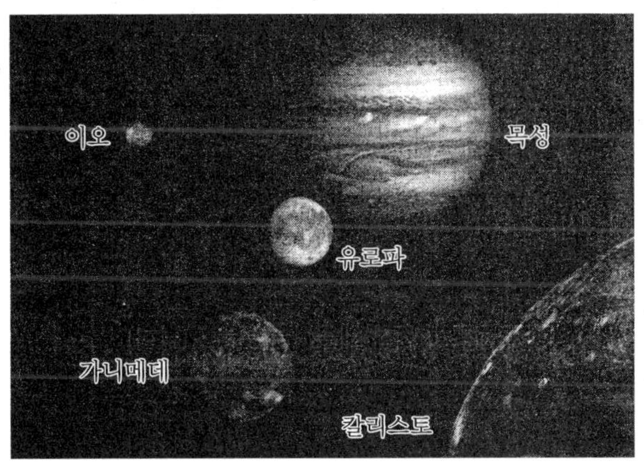

목성과 갈릴레오 위성(사진출처 : NASA)

또 다른 연구에서는 열수환경을 모방한 환원적인 실험장치 속에서 무기물(無機物)로부터 생물의 재료인 아미노산이 합성되었다는 보고도 있었다.

최근에는 해저 아래의 지각 안에서도 효열성 세균이 많이 발견되어 지하 생명권으로 지칭되며, 생명 탄생의 수수께끼에 무엇인가 단서를 제공해줄 것으로 기대하고 있다.

생각해 보면, '태양의 빛과 산소가 없는 고온 환경에서 최초의 생명이 탄생하였을지도 모른다'는 가설은 참으로 획기적인 논리이다. 왜냐하면 이와 같은 생명이 생존할 수 있는 조건은 지구 상에서는 극히 제한적이지만 넓은 우주로 눈을 돌린다면 쉽게 발견할 수 있을 것 같기 때문이다. 예를 들면, 목성(Jupiter)은 16개의 위성을 거느리고 있으며 그중에는 유로파(Europa)와 이오(Io)라는 위성도 있다.

유로파의 표면은 얼음으로 덮여 있으며 얼음 밑에는 물이 존재하는 것으로 믿어지고 있다. 만약 물이 존재한다면 태양광이 도달하지 않을지라도 생명이 존재할지도 모른다.

또, 이오에는 지구 이외의 태양계 천체 중에서 유일하게 현재까지 활발하게 활동하는 화산이 있으므로 만약 열수가 분출하는 바다가 있다면 생명이 존재할지도 모른다. 지구의 심해저에서 사는 미생물은 지구 밖 생명일 가능성까지도 암시하고 있다.

바다의 과학

바다에 관한 지식이 학문으로서의 틀을 쌓기 시작한 것은 19세기 후반부터이다. 따라서 그 역사는 150년에도 미치지 못하지만 바다에 관한 지식은 조금씩 풍요로워지고 있다.

1519년 9월 20일 스페인의 선단 5척이 산루칼항을 출범했다. 5척에 나누어 탄 선원은 모두 265명이었다. 이 선단이야말로 인류사상 최초로 세계 일주에 성공한 마젤란(Ferdinand Magellan, 1480~1521) 탐험대였다. 그는 세계 일주 도중에 '마젤란 해협'을 발견했고 태평양을 최초로 횡단한 사람이 되었다.

또 그때 그는 무슨 수를 써서라도 태평양의 깊이를 측정하려고 했다. 그는 뱃전에서 긴 로프를 바다에 드리워 보았다. 그 로프가 366미터에 이르러서도 해저에 닫지 못했다.

그러므로 마젤란은 자신이 지금 가장 깊은 바다 위에 있다고 믿었다. 이리하여 바다의 깊이를 측정하는 것은 마젤란의 시대부터 이루어지게 되었다.

마젤란은 불행하게도 항해 도중 사망하여 세계 일주의 목적을 성취하지 못했다. 약 3년간의 고난의 항해로 태반의 배와 선원을 잃었지만 나머지 한 척의 배로 딜 카노 등 18명이 구상일생으로 모항에 귀항했다.

바다의 부(富)

바닷속에는 현재 약 2~4만 종에 이르는 어류가 서식하는 것으로 측정되고 있다. 그 중에서 우리나라 근해에 서식하는 어류는 약 2,500종에 이를 것이라고 한다.

어류의 크기는 1센티미터 전후에서부터 약 20미터에 이르는 것까지 다양하게 존재하며, 상상을 초월할 정도로 많은 종류의 동물이 해면에서 불과 3~4킬로미터 되는 수심 사이에서 우리가 모르는 사이에 태어나 자라고 또 사멸한다.

오늘날 인류는 이들 동물을 가축화하지는 못하고 있다. 또 바다의 다종다양한 에너지 자원도 능률적인 이용에도 성공하지 못했으며 바다의 화학적, 식물적, 광물적인 부(富)도 개발하지 못하고 있다.

앞에서도 기술하였지만, 태양계 행성 중에서 지구는 유일하게 해양(海洋)을 가지고 있다. 지구가 가지고 있는 바다의 총 넓이는 3억 6천 100만 제곱킬로미터이고, 이는 지구 표면 전체의 약 71퍼센트에 해당한다. 그리고 바다의 평균 깊이는 3,800미터이고 바닷물의 총량은 14억 세제곱킬로미터에 이른다.

14억 세제곱킬로미터의 바닷물은 평균 3.5퍼센트의 용존 자원을 보유하고 있다. 즉, 이 엄청난 양의 바닷물에는 어류를 비롯하여 많은 종류의 자원물질이 용해되어 있다.

우선 그 성분을 대충으로나마 살펴보면, 용해된 물질 중에서 84 퍼센트는 염화나트륨, 즉 소금이고 8퍼센트는 염화나트륨 이외의 염소화합물이다. 그리고 나머지 8퍼센트는 금, 은, 동, 우라늄, 알루미늄, 리튬, 몰리브덴, 텅스텐 등으로 구성되어 있다.

바닷물 속에 포함되어 있는 주요 원소의 양을 시산(試算)하여 보면, 마그네슘이 200조 톤, 브롬(bromine)이 100조 톤, 옥소(iodine) 750억 톤, 알루미늄 150억 톤, 구리와 우라늄이 각각 45억 톤, 토륨(thorium)이 10억 톤, 은 4억 5000만 톤, 금 600만 톤 정도이다.

바닷물은 탈염 공정을 거쳐 진수(眞水), 마그네슘, 칼륨, 브롬, 요오드, 우라늄 같은 자원을 얻을 수 있다. 또 육지의 풍화작용과 침식작용으로 생겨난 물질은 하천을 따라 바다로 흘러들어 간다. 해양은 그것을 받아들여 바다 밑의 두꺼운 퇴적물층을 형성하고, 오랜 세월이 지나면

이 퇴적층에 석유, 천연가스, 메탄 하이드레이트 등의 광상(鑛床)이 형성된다.

바다는 지표에서 일어나는 온갖 변화를 조절하는 능력을 갖고 있다. 물은 열용량이 높기 때문에 연안 지역의 기후를 조절하는 커다란 요소이고, 조류와 조석(潮汐), 파랑(波浪), 바닷물의 온도차 등은 전력 생산의 원동력으로 이용되기도 한다.

또, 어느 시대나 바닷속 생물은 인류에게 귀중한 식량 자원이었다. 어류(魚類), 문어 같은 연체(軟體)동물류, 게 같은 갑각류, 해조류는 동서고금을 막론하고 모든 사람들의 식료로 제공되고, 바다의 동식물로부터는 진주를 비롯, 시멘트 원료(조개껍질)에 이르기까지 다종다양한 원료를 얻고 있다.

해양의 광물 자원도 소중하다. 해안에는 사철(砂鐵), 사석(砂錫), 모나자이트(monazite), 티탄, 지르콘(zircoante) 등의 광물과 다이아몬드, 규사, 모래 등이 농집되어 있다.

대륙붕, 대륙 사면(斜面)의 해저 퇴적물 속에는 메탄 하이드레이트를 비롯하여 석유, 석탄, 천연가스 같은 화석에너지 자원이 매장되어 있으며 심해저에는 망간노듈(manganese nodule), 인회토(phosphorite), 중금속 이토(mud)가 매장되어 있다.

특히 20세기 후반에 이르러서는 세계 여러 나라들이 해양과학 탐구에 열을 올리고 있으며, 그 결과 해저조사 기기가 발달하여 해저의 지형과 퇴적층 구조가 점차 밝혀지고 있다.

우리나라는 2015년 태평양 심해저 광구에서 망간 단괴를 세계 처음으로 채광하는 데 성공하기도 했다.

바다의 구조

세계지도를 펼쳐놓고 보면, 육지에 비해 바다가 얼마나 넓은지 한눈에 파악할 수 있다.

육지와 해수면이 접한 해안선 부근의 연안은 수심이 얕고 해안에서 난바다로 나가면서 해저가 완만하게 경사져 있기 때문에 점차 깊어지는 것이 일반적이다.

또 깊이 100~200미터 정도부터는 해저 경사가 급격하게 심해저로 이어지기 때문에 수심이 급속도로 깊어진다.

심해에는 해저가 V자 모양의 수채로 되어 있는 곳이 있으며, 이를 해구(海溝)라고 한다. 해구 중에는 깊이가 10,000미터를 넘은 것도 있다.

해안에 가까운, 비교적 평탄한 해저 부분을 대륙붕이라 하고, 그 앞에 위치한 경사가 급한 부분을 대륙붕 경사면이라고 한다.

세계 바다의 평균 깊이는 약 3,800미터이고 육지의 평균 높이는 840미터이다. 그러므로 가령 육지를 전부 깎아 바다를 메운다 하여도 바다의 평균 깊이는 겨우 350미터 정도 얕아질 뿐 여전히 3,400미터나 된다.

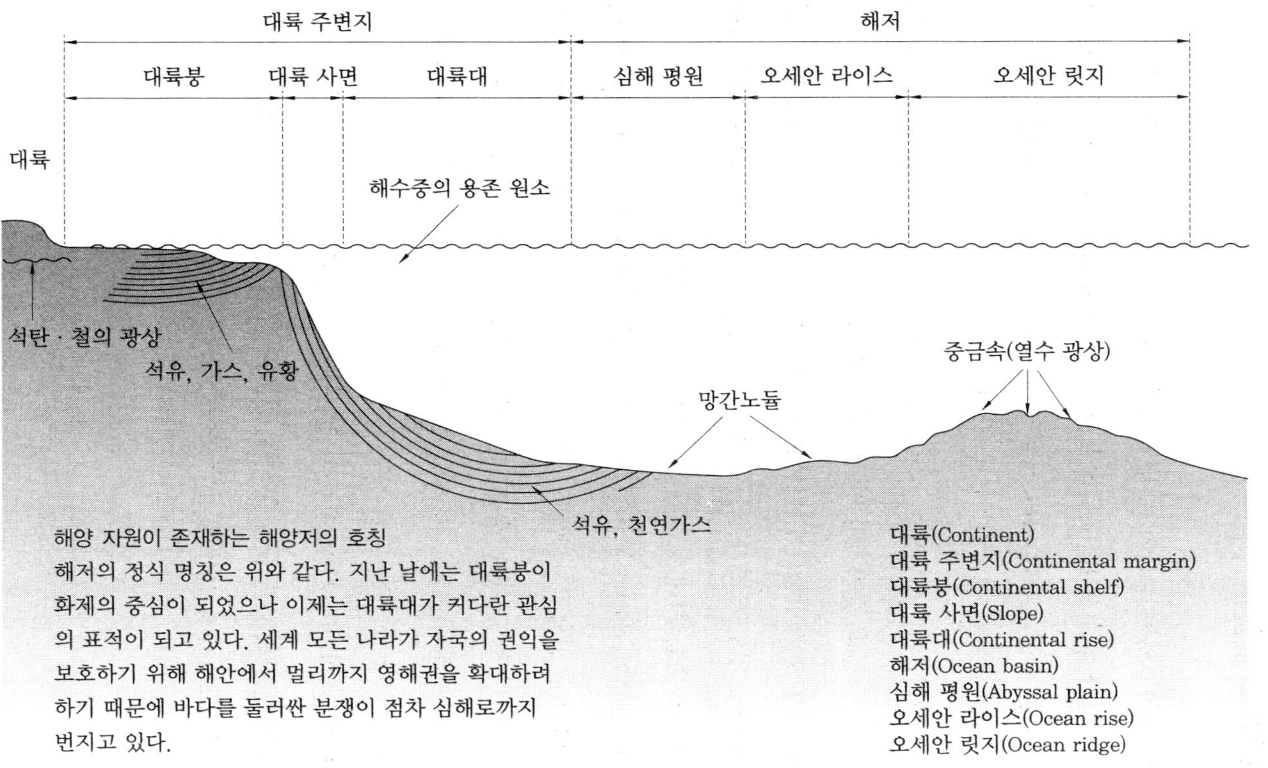

해양 자원이 존재하는 해양저의 호칭

해저의 정식 명칭은 위와 같다. 지난 날에는 대륙붕이 화제의 중심이 되었으나 이제는 대륙대가 커다란 관심의 표적이 되고 있다. 세계 모든 나라가 자국의 권익을 보호하기 위해 해안에서 멀리까지 영해권을 확대하려 하기 때문에 바다를 둘러싼 분쟁이 점차 심해로까지 번지고 있다.

바다와 수압

바닷속에서는 수심이 10미터 늘어남에 따라 수압이 약 1기압씩 높아진다. 따라서 수심 10,000미터 깊이에서는 수압이 약 1,000기압에 이른다. 즉, 수심 10,000미터 심해에서는 해저 1제곱미터 위에 실려 있는 바닷물의 무게는 약 1톤이 되는 셈이다.

무게가 몇천, 몇만 톤에 이르는 바닷물 아래 인간이 상상도 할 수 없었던 높은 산과 골짜기가 연이어 존재하고 있다.

하지만 옛 사람들은 바다에는 바닥이 없는 것으로 생각했었다. 그렇게 생각한 것도 무리가 아닌 것이, 과학자들마저도 바다의 바닥은 평탄하다고 믿었던 시대가 그리 오랜 옛날은 아니었다.

여러 세기(世紀) 동안 인류가 알고 있었던 바다는 햇빛이 내리쪼이고, 바람에 일렁이는 해면이었다. 인간이 그 해면에 통나무 배를 띄우고, 그 연안에 마을을 만들어온 평면(2차원) 세계(영역)였다. 넘실거리는 파도 아래의 세계는 무서워 바라보기조차 어려운 괴물이 살고 있는 '지옥'이었다.

인류는 대기(공기)를 통하여 하늘을 바라보고 해와 달, 별들을 우러러보며 살아왔지만 물을 통하여 깊은 바다 밑을 볼 수는 없었다. 깊은 바다는 그때까지 인간의 시야 밖에 있었다.

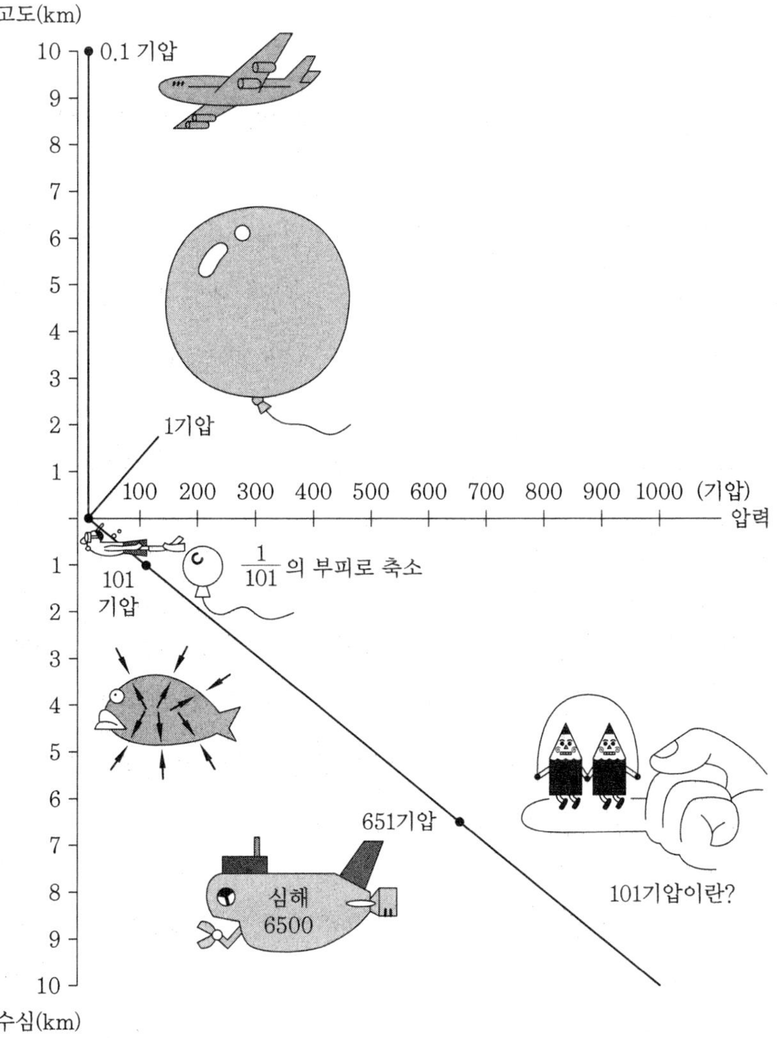

수압의 식 : 정지 상태에 있는 물의 수압 p는 물체와 수면 사이에 있는 물의 중량으로 결정되며, 다음과 같이 표시된다. $p=\rho gh$(단, ρ는 물의 밀도[g/m³], g는 중력 가속도로 약 9.8[m/s²], h는 수심[m]이다.)

수심과 수압의 관계

바닷물의 온도

바닷물의 온도는 표층에서 무슨 일이 일어나고 있느냐에 따라 결정된다.

먼저 표층수를 보자. 물은 열을 온전히 전달하지는 못하므로 기본적으로 태양의 일사량(日射量)이 많은 장소일수록 해면의 수온이 상승한다. 그러므로 적도 부근의 바닷물 온도가 가장 높고, 남북 양극에 가까울수록 낮아진다.

그럼 표층 이외의 바닷물 온도는 어떠할까? 사실은, 바닷물 온도는 위도에 따라 사정이 많이 다르게 된다.

위도가 낮은 곳에서 위도가 높은 곳으로 흐르는 해류가 있다. 이 해류의 표층수는 차갑고 무겁기 때문에 그대로 심해로 떨어져 심층수가 된다. 그러므로 표층과 심해에서 거의 일정한 2~3℃의 수온을 유지하고 있다. 이러하기 때문에 높은 위도의 수온은 그래프로 그리면 위에서 아래까지 세로의 직선이 된다.

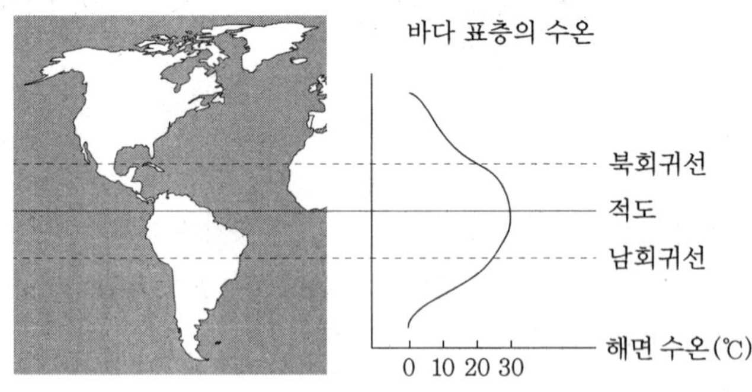

바닷물 온도는 바다의 표층에서 어떤 일이 일어나고 있느냐에 따라 결정된다

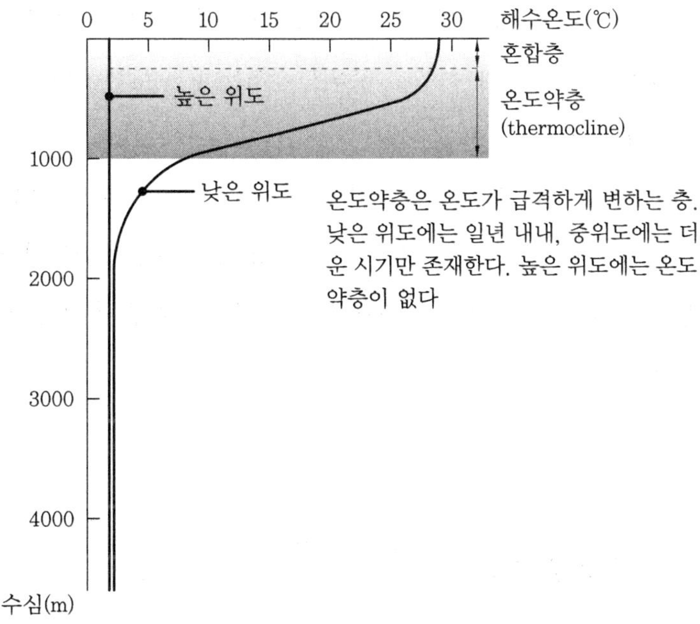

위도와 수심에 따른 수온의 변화

위도가 높지 않은 곳(위도가 낮은 곳과 중간 위도의 곳)에서는 어떠할까?

높은 위도의 곳에서 떨어져 간 심층수는 수심 1,000미터보다 깊은 곳을 전류하여 온 세계의 바다로 서서히 확산되어 간다. 이 수온이 세계의 심해 수온의 기준이 되며, 1,000미터보다 깊은 세계의 바다에서는 수온이 대체로 2~3℃의 일정한 값을 유지하고 있다.

한편, 표층과 가까운 곳에서는 바람과 파도 등이 표층의 바닷물을 뒤섞기 때문에 해면에서 수심 300미터까지는 아래와 위의 물이 잘 혼합되어 바닷물 온도가 일정하다.

이 뒤섞이는 층을 일러 '혼합층'이라고 한다. 혼합층의 수온도 적도 바로 아래에서는 30℃에 가깝고 중위도에서는 10~20℃ 정도이지만 계절에 따라 변동한다.

이 혼합층의 수온과 심층수의 수온 격차를 메우기 위해 수심 약 1,000미터를 향해 수온이 2~3℃로 수속되고 있다. 즉, 중위도의 낮은 위도에서는 수심 1,000미터를 향해 수온이 급격하게 떨어진다. 이 층은 '온도약층'이라고 한다.

바닷물의 성분 분석

바닷물이 짠 원인은 식염의 근원이 되는 나트륨이온과 염소이온을 많이 함유하고 있기 때문이다. 바닷물에는 지구 상에 존재하는 거의 모든 원소가 용해되어 있으며 그중에서도 주요 성분으로는 나트륨(Na), 마그네슘(Mg), 황(S), 칼슘(Ca), 염소(Cl), 칼륨(K)을 들 수 있다. 이들 6가지 원소가 바닷물에 용해되어 있는 물질의 전체 질량에서 99.8퍼센트를 차지하고 있으며, 이 원소들로 이루어진 '염분 농도'는 1리터당 35그램 정도이다.

흥미로운 점은, 주요 성분의 비율이 전 해양에서 거의 일정하다는 사실이다. 그러하므로 염분이 증가하면 전기 전도도가 증가하는 관계를 이용하여 전기 전도도로부터 주요 성분의 농도를 계측하여 염분 농도로 정한다.

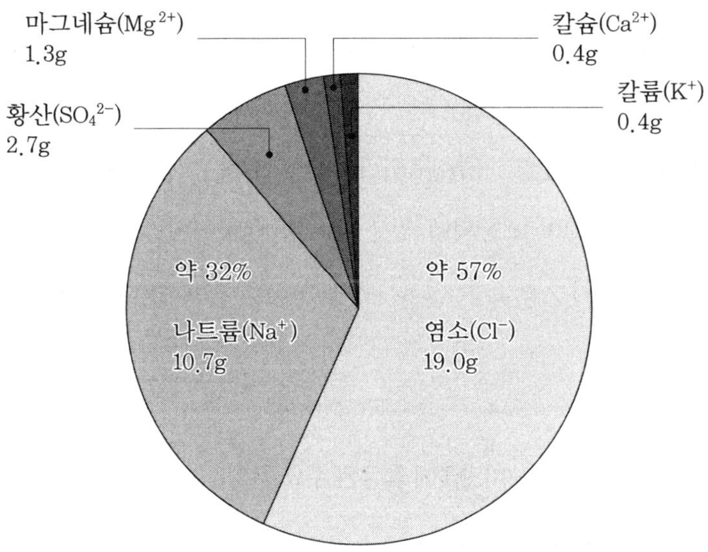

해수의 성분과 염분의 농도

앞에서 말했듯이 6가지 주요 성분 이외에 몰리브덴(Mo), 인(P), 질소(N), 망간(Mn), 납(Pb), 철(Fe), 구리(Cu), 니켈(Ni), 카드뮴(Cd) 등이 미량 용해되어 있다.

이들 원소는 많은 의문점을 지니고 있다. 예를 들면, 생물은 생존하기 위해 다양한 미량 원소를 필요로 한다. 어떤 생물은 카드뮴과 인을 일정 비율로 섭취하고, 이 이외의 미량 원소도 생물에 섭취되므로 미량 원소는 민감하게 농도가 변화하는 것으로 추리된다. 그러나 그 실태는 명확하게 알지 못하고 있다.

특히 흥미로운 것은 철(Iron)이다. 철은 해수 1리터당 1나노그램(나노는 10억 분의 1)이 포함되어 있는 초미량 원소이지만 식물 플랑크톤의 광합성에 관여하는 효소 시토크롬(Emzyme cytochrome)에는 필수 구성 원소이다.

바닷물에 함유된 주요 원소

성분 원소	농도 (g/L)	성분 원소	농도 (g/L)	성분 원소	농도 (g/L)
산소	880	스트론튬	0.008	우라늄	0.0000033
수소	110	보론	0.0045	비소	0.0000023
염소	20	규소	0.002	알루미늄	0.000002
나트륨	11	플루오르	0.0014	바나듐	0.000002
마그네슘	1.3	아르곤	0.0005	철	0.000002
황	0.93	리튬	0.00018	지르코늄	0.000001
칼슘	0.42	루비듐	0.00012	니켈	0.0000005
칼륨	0.41	요오드	0.000053	아연	0.0000003
브롬	0.068	인	0.00005	세슘	0.0000003
탄소	0.028	바륨	0.000014	크립톤	0.00000023
질소	0.013	몰리브덴	0.00001	크롬	0.0000002

어쩐지 철이 부족하여 식물 플랑크톤의 증식이 억제되고 있는 것은 아닐까? 그렇다면 바다에 쇠를 뿌리면 식물 플랑크톤이 늘어나 이산화탄소가 바다에 더욱 흡수되어 온난화 억제에 기여하지 않겠는가 하는 가설이 있다. 그러나 심해에 침강하는 유기물이 증가하면 심해의 산소 결핍을 초래하게 되는 등 생태에 대한 악영향이 우려되기도 한다.

바다의 깊이 측정

바다의 깊이를 측정하는 방법으로는 음파를 이용하는 방법이 있다. 그 원리는 간단하다. 높은 산 앞에 서서 크게 소리치면 소리는 반사되어 돌아온다. 이를 '산울림'이라고 한다.

이와 마찬가지로 배에서 해저를 향하여 음파를 발사하면 음파는 해저에서 반사하여 배로 돌아온다. 음파가 수중을 전파하는 속도는 알고 있으므로 배에서 발사된 소리가 되돌아오는 데 걸리는 시간을 계산하면 바다의 깊이를 알 수 있다.

음파로 바다의 깊이를 측정하는 음향 측정기가 발명되어 심해에서도 깊이를 정확하게 측정할 수 있게 되었다. 음향 측정기는 20세기에 이르러 더욱 발달하여 제2차 세계대전 동안에 고도로 발달하였다.

이와 같은 음파를 이용함으로써 바다의 깊이를 아는 방법과 중력(重力) 측정, 해수밀도의 측정, 지진파의 전파속도 연구 등으로 바다의 밑바닥이 매우 복잡하다는 사실도 과학자들은 알게 되었다.

최초의 잠수자

바다에 관한 지식은 서서히 쌓이고 걸러져 왔다. 그리고 드디어 인류는 심해를 탐색하려는 꿈을 키우기 시작했다. 여러 세기 동안 많은 선구자들이 심해에 이르고자 노력하여 왔다.

인류가 바닷속으로 침입하는 방법을 모색하고부터 최초의 잠수자가 바다로 뛰어든 순간, 큰 어려움에 봉착했다. 그는 호흡할 수도 없었고 또 분명하게 물체를 분간할 수도 없었다. 뿐만 아니라 깊이 잠입할수록 수압이 그의 고막을 찢는 듯했다. 질식하거나 짓누르는 위험이 그를 기다렸다.

그래서 잠수할 실험자들은 두 가지 방법을 생각했다. 하나는 보통 잠수자와 마찬가지로 직접 물속으로 들어가는 방법이었다. 다른 하나는 굳건한 외피로 그 자신을 방호하는 것, 다시 말하면 잠수기(잠수성)를 타고 잠수하는 것이었다. 그러나 두 방법 모두 호흡하기 위한 공기를 함께 가져가야만 하였다.

바닷속에 최초로 침입한 사람에 관해서는 여러 가지 전설이 전해지고 있다. 예를 들면 '그는 심장 둘레에 목질이 단단한 떡갈나무의 흉대를 걸치고 3중의 청동제 갑옷을 착용하여……. 그야말로 노도하는 높은 파도 속을 일엽 편주로 도전한 최초의 사람이었다' 는 설도 있다.

만약 전설이 사실이라면 알렉산더 대왕(기원전 356년)은 심해에 최초로 잠입한 사람이라 할 수 있다. 그는 인도에서 그리스, 그리고 메소포타미아의 사막에서 코카서스 정상까지 뻗은 대왕국의 통치에도 만족

하지 못하고, 또 잘 알려지지 않은 바다 위를 항해하는 데에도 싫증을 느껴, 이번에는 해저에도 그의 권위를 떨치려고 결심했다 한다.

그는 케이블 끝에 매단 유리통에 들어가 바닷속에 넣어졌다. 전설이 전하듯이 그가 80일 동안이나 깊이 90미터 해저에 머물러 있었는지의 여부와 해저의 궁전을 헤엄쳐 가로지르는 데 3일이나 걸릴 정도의 큰 괴물을 정말로 보았는지에 대해서는 오늘날에 이르러 확인할 방도는 없다. 아마도 이 전설은 그의 사후에 지어낸 전설에 불과한 것 같다.

다양한 잠수기

잠수를 연구하는 사람들은 여러 가지 잠수기를 고안했다. 실용할 수 있는 최초의 잠수기는 17세기에 이탈리아 사람 롤니에가 만들었다고 한다. 로니에가 만든 잠수기는 직사각형의 방에서 통풍을 위한 긴 관을 수면까지 뻗쳐 있고 4명의 관측자가 수용되었다. 이 관측자들은 가죽제 소매가 달린 구멍을 통하여 수중에 손을 뻗칠 수도 있었다.

그로부터 약 1세기 반이 지난 19세기 중반 영국사람 레스브리지가 이 방법을 좀 더 간단하게 개조했다. 그가 고안한 박스는 케이블에 연결하여 심해로 내려뜨리도록 되어 있었다. 그리고 승무원은 단 한 사람이었다. 승무원은 이 장치의 아래쪽에 달려 있는 밸러스트(ballast)를 자신이 직접 제거할 수 있도록 되어 있어 밸러스트를 떨구어 중량을 경감함으로써 수면으로 떠오를 수 있었다.

영국의 번이란 사람은 다음과 같은 매우 흥미로운 기록(1578년)을 남겨 놓았다.

“물에 가라앉는 것은 어떤 것이든 그와 같은 체적의 물보다 무겁고, 만약 같은 체적의 물보다 가볍다면 그것은 무게의 정도에 따라 물속을 떠돌거나 수면에 떠오르게 된다. 그리고 이것이 사실이라면 만약 수중에 있는 물체가 일정한 무게가 있는 것이라면 그 용적을 크게 하거나 작게 할 수 있게 만든다면 의사(意思)에 따라 가라앉힐 수도 있고 떠오르게 할 수도 있다. 실제로 이를 실행하려면 예컨대 그 물체의 일부를 유연한 가죽 같은 것으로 만들고, 나사를 반대로 돌려 용적을 작게 하면 바닥쪽으로 가라앉는다”고 하였다.

이탈리아의 볼레리이는 번이 제안한 유연한 가죽 자루 대신 필요에 따라 부풀리거나 오므릴 수 있는 가죽 자루를 사용했다(1679년). 뿐만 아니라 볼레리이는 잠수기에 평탄한 올(all)을 붙이는 것도 발명했다.

한편 프랑스의 드 메레와 스페인의 세르보 등도 잠수기 등을 고안하였지만 성공하지는 못했다.

잠수기와 잠수구

미국의 브슈넬은 1776년에 1인승 잠수기를 만들어 그것을 타고 바다에 잠수했다. 이 위업은 독립전쟁 무렵부터 시작되어 이후 5~6회나 반복되었다. 그가 고안한 1인승 잠수기에는 들여다보는 창이 있고 물탱크와 수동의 수평 프로펠러 · 수직 프로펠러가 장착되어 있었다.

이 잠수기의 잠수시간은 30분으로, 시간을 경과하면 공기를 다시 공급하기 위해 부상해야 했다.

브슈넬은 물속에서 이 잠수기를 안정시키기 위해 90킬로그램의 안전 밸러스트를 사용했다.

1889년이 되어 이탈리아의 발루사메로는 바깥지름이 2.2미터인 잠수구를 타고 수심 165미터까지 잠수하였는데 그의 잠수구는 두께가 3.5센티미터나 되는 금속제 반구(半球) 2개를 마주 붙인 것으로, 무게가 5톤이나 되었다.

이 잠수구는 노(舵)와 손으로 조작하는 추진기를 갖추고 창문도 5, 6개가 나 있었다. 또 해저에 머물기 위해 적당한 길이의 닻 그물을 이용하였고, 밸러스트를 투하하여 잘 떠 올랐다.

발루사메로가 도달한 깊이는 그 시대로서는 놀랄 만한 기록이었다. 또 이 잠수구의 특징은 최초로 수면(모선)과 연결된 케이블에서 해방되었다는 사실이다. 그러한 점에서 후술하는 바티스카프(bathyscaph ; 심해 잠수정)의 선조(先祖)라고 할 수 있다.

공기의 공급

인간이 바다에 잠수하려 할 때, 큰 수압을 어떻게 극복하느냐와 인간의 호흡에 필요한 새로운 공기를 어떻게 공급할 것이냐 하는 두 가지가 가장 큰 문제이다. 수압에 견디는 문제는 견고한 박스나 볼을 제작함으로써 해결할 수 있었지만 새로운 공기를 공급하는 문제는 그렇게 쉽게는 해결되지 않았다.

이 문제와 관련하여 많은 사람들이 골똘히 생각하고 실험하였지만 근본적인 해결은 19세기 중반까지 기다려야만 했다. 그도 그럴 것이, 공기 중의 어떤 성분이 인간의 생명에 필수적인지, 즉 공기의 정체가 확실하게 밝혀지지 못했던 것이 큰 원인이었다고 할 수 있다.

18세기 후반, 프랑스의 과학자 라부아지에(Antoine Laurent Lavoisier, 1743~1794)는 산소와 탄산가스를 발견하여 공기의 성분을 규명했다. 그것이 잠수할 때의 호흡 문제를 당장 해결해준 것은 아니지만 해결의 큰 실마리가 된 것은 분명하다.

비비의 잠수구

1934년 전 세계를 놀라게 한 역사적인 탐험이 잠수구에 의해서 성취되었다. 4년에 걸친 정력적인 연구의 결과 미국의 생물학자인 비비(Beebe, Charles William, 1877~1962)와 기사인 버튼은 908미터 깊이까지 잠수하는 데 성공했다. 그러나 이들의 잠수구는 케이블로 모선과 연결되어 있었다.

이 잠수로 비비는 많은 미지(未知)의 심해 생물을 관찰할 수 있었다. 비비는 이 때의 귀중한 기록을 《반(半) 마일(800미터) 밑으로》라는 저서로 남겼다.

비비와 함께 잠수한 기사인 버튼은 1946년에 1,380미터의 심해를 잠수하여 새로운 기록을 남겼다.

비비의 잠수구

해양 탐험의 여명기

쿠크(1728~1779)는 마젤란의 세계 일주로부터 약 250년이 지나 영국의 요크셔에서 출생하였다. 그는 소년 시절부터 바다를 동경하였고 자라서는 선원이 되었다. 27세 때 영프 전쟁이 발발하자 해군에 지원하여 측량선을 타고 북태평양과 캐나다 방면을 항해했다. 그는 항해술뿐만 아니라 측량술과 천문학에도 재능을 발휘했다. 이러한 지식들이 인증되어 그는 곧 하사관으로 승진하여 타이티섬이며 남극권, 남태평양 여러 섬을 순항했다.

Ch. 다윈

진화론의 창시자인 다윈(Charles

Robert Darwin, 1809~1882)은 영국의 생물학자, 지질학자로, 1831년부터 36년까지 6년간 측량선 비글호를 타고 남미와 남태평양 섬들을 탐험했다. 이 항해에서의 관찰이 바탕이 되어 《종의 기원》이란 유명한 책을 저술했다. 이 항해는 다윈의 전 생애를 통틀어 가장 중요한 일이 되었다.

근대적인 해양탐험

이제까지의 해양 탐험가들은 분명히 많은 과학적 공헌을 해왔다. 마젤란은 바다의 깊이를 측정하려 하였고, 쿠크와 다윈 역시 여러 가지 정밀한 관찰들을 하였다.

그러나 대담무쌍함이 요구되던 해양 탐험시대는 이미 끝났다. 이제는 더 발견해야 할 미지의 땅도 바다도 거의 없다. 그렇다고 해서 위대한 항해가 없다는 뜻은 아니다. 그것은 탐험가의 목표가 오늘날에는 일변했기 때문이다.

오늘날의 탐험가는 과학자들이다. 어떠한 모험가나 아무리 멀리까지 항해한 사람도 풀지 못했던 바다에 관해 옛날부터의 숙제의 답을 구하고 있다.

참으로 근대적인, 그리고 과학적인 해양 탐험대는 지금으로부터 불과 100여 년 전에 탄생한 데 불과하다. '챌린저 탐험대'가 바로 그들이다.

영국의 군함 '챌린저 6세호(2,300톤)'는 1872년 12월 7일 영국의 시아네스를 출항했다. 태평양, 대서양, 남극해를 비롯하여 전 세계의 바다를 3년 6개월에 걸쳐 조사한 다음 1876년 5월 24일에 모국으로 귀항했다. 이들은 항해 중에 여러 곳에서 배를 세우고 갑판에서 추를 매단 로프를 해저로 내려 깊이를 측정하는 방법으로 492곳의 수심을 측정하고, 바닷물의 성질과 1만 3천여 종의 심해 생물을 채집했다. 그 후에도 해저조사를 반복하였지만 이 방법으로는 하루에 고작 한 곳만 측정할 수 있었으므로 별 성과를 거두지 못했다.

20세기 초반에 이르자 '음향 측심' 방법이 개발되어 보다 자세하게, 그리고 효과적으로 바다의 깊이를 측정할 수 있게 되었다. 이 방법은 해면에서 해저로 초음파를 쏘아 반사되어 돌아오는 시간을 계측하고, 이 값에다 바닷물 속에서의 음속을 곱하여 얻은 값의 절반이 해저까지의 수심이라는 원리를 바탕으로 한 것이다.

$$\text{바다의 깊이} = \frac{\text{음파의 왕복시간(초)} \times \text{음속}}{2}$$

예를 들어 왕복시간이 4초였다면

$$\frac{4 \times 1500}{2} = 3000\text{m}$$

해저를 보는 방법

바닷물 속에서의 음속은 수온과 염분의 농도에 따라 다르기 때문에 시간에서 수심으로 변환할 때 그 해역에 따라 보정을 한다.

당초에는 선상의 오퍼레터(operator)가 스톱워치를 사용하여 시간을 계측하였지만 그 후에 자동화되어 연속적인 측심이 가능하게 됨으로서 해저 데이터가 점에서 선(線)으로 변해 해저 지도의 작성이 가능하게 되었다.

또 정밀도를 높이기 위해 발사하는 초음파의 빔 폭을 좁게 한 '나로빔법'이 개발되었고, 그것을 동시에 여러 장소에서 실행할 수 있도록 멀티화가 추진되었다. 현재는 이 '멀티 나로빔 측심법'이 표준으로 이용되고 있다.

선박의 흔들림으로 발생하는 오차도 자동으로 보정하며, 그 분해능은 수심 0.5퍼센트 정도(예를 들면, 수심 2000미터인 경우 10미터)까지이다.

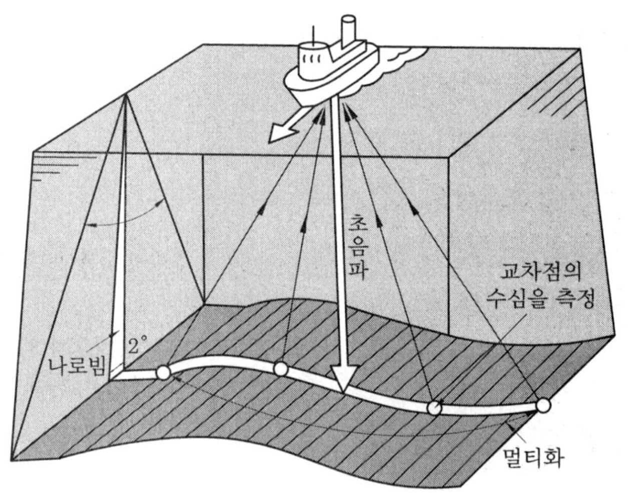

• 복수의 장소를 동시에 측정할 수 있다
• 배가 흔들려 발생하는 오차도 자동으로 보정할 수 있다
• 분해능은 수심의 5퍼센트 정도이다

멀티 나로빔 측심법

2장

생동하는 바다

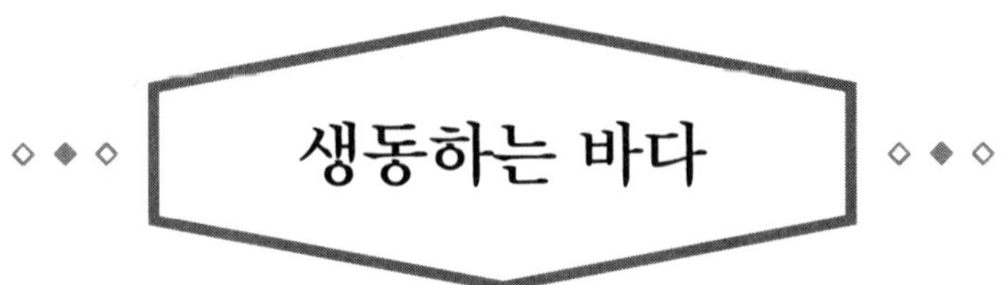

생동하는 바다

우리 인류를 비롯한 모든 생물들은 생명을 유지하기 위해 음식물을 섭취한다. 섭취한 식물(食物)에서 에너지가 될 만한 것을 소화하여 신체의 각 부분으로 배분하고, 필요에 따라 사용할 수 있도록 축적하거나 또는 그것을 다른 것으로 바꾸어 만들기도 한다.

또 이를 사용하려면 폐(肺)에서 흡입한 산소로 분해한다. 이때 에너지가 나오므로 그 힘으로 수족 등의 근육을 움직여 생물로서 활동을 할 수 있으며, 개인에 따라 그 수명의 장단(長短)에 차이는 있지만 생명을 유지할 수 있는 것이다.

바다는 살아있다고 한다. 어떠한 의미에서 살아있다고 단언할 수 있는가?

그 원천은 바다가 물로 이루어져 있는 데 있다.

물은 액체이고, 물의 분자가 자유롭게 돌아다닐 수 있으며, 온도가 낮아지면 밀도가 증가하여 무거워지고, 다른 액체에 비하여 비열(比熱)이 큰 관계로 다른 물질보다 많은 열을 축적할 수 있다. 또 투명한 액체이기 때문에 빛을 잘 통과시킬 뿐만 아니라 냉각하면 고체인 얼음으로 변하지만 얼음은 물보다 가벼워 가라앉지 않고 물 위로 떠오르는 성질을 가지고 있다.

잔물결

바닷물은 한시도 쉬지 않고 움직이고 있다. 때로는 성난 듯이, 때로는 아기를 어루어만지는 듯이 부드럽게 물결친다. 바람이 슬며시 스치면 잔주름 같은 '잔물결'이 인다. 마치 물그릇에 담긴 물에 확하고 입김을 불면, 잔물결이 이른 것과 같다.

수면이 가장 높아진 곳을 '파구(波丘)' 또는 '물머리'라 하고, 가장 낮은 곳을 '파곡(波谷)' 또는 '물골'이라 하며, 어느 한 물머리와 다음 물머리, 또는 어느 한 물골과 물골 사이의 거리를 '파장'이라 한다. 잔물결의 파장은 길어야 고작 2센티미터 정도에 지나지 않는다.

또 수면은 높아지기도 하고 낮아지기도 하면서 상하 운동을 하는데, 일단 높아지고 나서(즉, 물머리가 되고 나서) 다음 물머리가 형성될 때까지의 시간을 주기(周期)라고 한다. 잔물결의 주기는 불과 1~2초로 매우 짧다.

풍파(風波)

바람이 광대한 해면을 오랜 시간 계속해서 불면 잔물결은 점차 '풍파'로 변한다. 바람이 거세게 부는 날에 해안에 서서 난바다를 바라보면 멀리 흰 파도가 점점이 보인다. 그것은 풍파의 물머리가 부서져서 공기를 휘감은 모습이다. 풍파는 파장이 수십 미터이고 주기는 5초 내지 6초 정도이다.

잔물결과 풍파 모두 바람이 불어 생긴 파도이지만 해면을 상하로 운동하고 있는 힘은 약간 다르다. 풍파의 경우는 중력이 작용하며 물골을 밀어 올려 물머리를 형성하거나 물머리를 끌어내려 물골을 형성한다. 잔물결의 경우 역시 중력은 작용하고 있지만 물의 '표면 장력(表面張力)'이 큰 작용을 하고 있다.

컵 속에 물을 담으면 컵의 벽 가까이는 수면이 약간 높다. 또 조심스레 가득 부으면 수면 가운데가 컵의 벽면보다 봉곳이 올라오는데 물은 넘치지 않는다. 이처럼 수면이 굽어지는 것은 표면 장력이 작용하고 있기 때문이다. 이 표면 장력이 잔물결에서는 주된 역할을 한다. 그러므로 잔물결을 '표면 장력파'라고도 한다.

잔물결에 비한다면 풍파가 훨씬 크지만 속도도 크게 다르다. 물의 입자는 거의 같은 곳을 갔다 왔다 할 뿐 멀리까지 나아가지는 않는다. 잔물결은 매초 1센티미터 정도, 풍파는 매초 10미터 정도 달리는 것이 일반적이다.

주기가 긴 꾸불꾸불한 파도

바람이 불지 않는데도 해안에 서서 보면 큰 파도가 연이여 밀려오는 것을 목격할 때가 있다. 바람이 불지 않으므로 분명 풍파는 아니다.

풍파는 매초 10미터 정도의 속도로 해면을 달린다. 계속 달리다가 결국에는 바람이 불지 않는 바다에 이른다. 파도는 계속 이어 달리지만 그 성질은 조금씩 변하게 된다.

주기는 10초에서 12초 정도로 점차 길게 변하고, 파장도 길게 늘어나 백수십 미터, 혹은 200미터를 넘게 된다. 속도 역시 풍파의 두 배 정도가 된다.

이 꾸불꾸불한 파도는 긴 여정을 달리는 동안에 점점 힘을 잃어 물머리와 몰골 사이의 높이차, 즉 파고가 작아지기는 하지만 그래도 여전히 멀리까지 도달한다.

예를 들면, 남극 대륙을 품에 안은 남극해에는 1년 내내 강한 서풍이 불어 풍파를 조성하고 있다. 이 풍파는 남극해를 빠져나와 주기가 긴 꾸불꾸불한 파도로 변하고, 그 일부는 태평양을 종단하여 알래스카까지 이른다.

남극해에서 알래스카까지는 거의 1만 킬로미터를 달려온 것이므로 힘은 빠질 대로 빠진 상태이다. 이 파도는 해안으로 접근하여 얕은 바다로 들어서면 속도는 느려지지만 파고는 늘어난다.

파도의 에너지

파도는 쉽게 말해서 물 입자의 왕복 운동인 셈이다. 이 왕복 운동, 즉 파도의 에너지를 이용하여 전력을 얻으려는 것이 파력 발전이다. 참고로, 전 세계 바다의 파력 에너지를 모두 합치면 현재 인류가 소비하고 있는 에너지의 1만 배에 이를 것이라고 한다.

일본 북해도에 소재하는 무도란 대학은 일찍부터 파력 발전 연구로 이름이 알려져 있다.

인력(引力)

모든 파도의 원인은 바람이지만 바람과 상관없이 발생하는 파도도 있다. 오랜 옛날부터 알려져 온 '조석'도 그 하나이다.

조석(潮汐)의 원천은 뉴턴이 발견한 만유인력이다. '만유인력의 법칙'에 의하면 모든 물체 간에는 끌어당기는 힘이 작용하고 있다. 이 힘은 물체(질량)가 커지면 상당히 커진다. 두 물체 질량의 곱에 비례하기 때문이다. 지구의 질량은 매우 크므로 지구와 다른 물체 간에 작용하는 인력도 커져, 예컨대 사과는 지구 중심을 향하여 끌어당겨진다. 지구의 인력과 중력은 약간 다르다. 지구는 하루에 1회 비율로 자전하고 있으므로 회전에 따른 원심력이 생긴다. 인력과 원심력을 합한 것이 중력이다.

바닷물에는 여러 가지 인력이 작용하고 있다. 선박이 운항되고 있을 때, 선박과의 사이에 어류가 헤엄치고 있으면 어류와의 사이에 인력이 작용하고, 주위에도 바닷물이 가득히 있으므로 주위 바닷물과의 사이에도 인력이 작용한다. 선박이나 어류와의 사이에 작용하는 인력은 작으므로 별 문제가 되지 않는다.

그러나 지구와 달, 태양과의 사이에 작용하는 인력은 작지 않다. 가령 지구 질량을 1이라고 한다면 달의 질량은 0.01을 조금 넘고, 태양의 질량은 33만을 넘는다. 한편 인력은 거리의 두 곱에 반비례한다. 바다와 달의 거리를 1이라고 한다면 바다와 태양의 거리는 약 400, 바다와 지구의 중심 거리는 0.0015 정도이므로 바닷물에 작용하는 인력은 태양, 달, 지구 순으로 커진다.

지구는 자전하면서 태양 주위를 공전하고 있고, 달은 지구 주위를 돌고 있으므로 지구와 달, 태양의 위치 관계는 시시각각 변한다. 그 결과 바닷물에 작용하는 인력의 크기와 방향도 수시로 달라진다. 이것이 조석을 일으키는 힘으로 작용하여, 일반적으로 만조와 간조가 하루에 2번씩 일어난다.

바다의 조석

달과 태양의 인력에 의해서 해면이 높아지기도 하고 낮아지기도 하는 현상이 조석인데 바닷물이 수평 방향으로 흐르는 현상은 조류(潮流)라고 한다. 조석과 조류는 모두 달과 태양의 인력에 의해서 발생하는 것이므로 결국은 같은 현상이라 지칭할 수도 있다.

특히 주의해야 할 점은, '조석은 달과 태양의 인력에 의해서 바닷물이 위쪽으로 끌어당겨져 일어나는 것'은 아니라는 사실이다. 바닷물은 물론 위쪽으로 끌어당겨지기도 하지만 그 힘이 미약하여 실제 관찰되는 조석을 설명할 수는 없다.

바닷물은 위쪽과 가로(수평) 방향으로 동시에 끌어당겨지고 있다. 의외라고 생각할지 모르지만 조석은 이 수평 방향으로 작용하는 힘에 의해서 발생하고 있다. 수평 방향으로 끌어당겨지므로 바닷물은 당연히 수평 방향으로 움직이게 된다.

이렇게 하여 움직이기 시작한 바닷물이 어떤 장소에서 멈추게 되면 그곳의 해면은 높아지고 다른 장소에서는 바닷물이 빠져나간 형태가 되므로 해면이 낮아진다. 이것이 올바른 추리이다.

또 인력은 거리의 두 제곱에 반비례하지만 조석을 야기하는 힘은 거리의 3제곱에 반비례한다. 그러므로 먼 곳에 위치하는 태양의 힘은 가까운 곳에 위치하는 달의 힘에 비하여 작아져 결국 1대 2 정도가 된다.

그러나 바다의 형태와 깊이의 분포가 다르기 때문에 달이 일으키는 조식이 어느 곳에서나 태양이 일으키는 조석의 약 2배가 되는 것은 아니다. 또 만조와 간조 때의 해면 높이의 차이(이를 조차(潮差)라고 함)도 예컨대 우리나라 동해에서는 낮고 서해에서는 높듯이 장소에 따라 다르다.

소용돌이(vortex)

바다를 가만히 바라만 보고 있어도 잔물결이나 조석 등은 이내 눈으로 인식할 수 있다. 거의 일정한 주기로 해면이 높아지거나 낮아지는 것이 분명하게 인식되기 때문이다. 그러나 바다 안에서 중요한 의미를 지니고 있는 모든 운동이 눈에 쉽게 인식되는 것은 아니다. 발견하기 어렵지만 사실은 중요한 작용을 하고 있는 현상도 있다. 그 하나가 바로 소용돌이 흐름인 와류이다. 세탁기 속에서도, 남해안의 우들목 같은 곳에서도 소용돌이가 일지만 여기서 설명하려는 소용돌이는 그런 소규모가 아닌 매우 큰 규모를 말한다.

즉, 지름이 200킬로미터나 되는 것으로, 해면에서 해저까지 거의 같은 방향에 같은 속도로 회전하고 있다. 시계 방향으로 회전하는 것도 있고 반시계 방향으로 회전하는 것도 있다. 회전하면서 넓은 바다를 누비며 돌아다닌다. 어떤 장소를 한 소용돌이가 통과하고 나서 다음 소용돌이가 통과하는 데 걸리는 시간은 3주일 내지 5주일 정도이다.

기상도를 보면, 봄철과 가을철에는 대륙에서 발생한 고기압과 저기압이 연이어 발생하여 동쪽을 향하여 한반도 또는 인근을 통과한다. 고기압과 저기압은 모두 대기의 소용돌이이고, 북반구의 경우 위에서 보았을 때 고기압은 시계 방향으로 돌고 저기압은 반대 방향으로 돌고 있다.

이 대기의 소용돌이는 지름이 1,000킬로미터 이상인 것도 있어 바다의 소용돌이와는 비교할 수 없을 정도로 크다.

소용돌이에 관한 연구

고기압과 저기압이 대기에 큰 영향을 미치는 것과 마찬가지로 바다의 소용돌이도 해류가 흐르는 구조라든가 오염 물질의 확산 등 다양한 측면에서 중요한 의미를 지니고 있다.

이 소용돌이가 발견된 것은 지금으로부터 불과 40여 년 전인 1970년에 들어와서였다. 전세기(前世紀)에서부터 오랜 사이 바다에 대한 관측이 이어져 왔음에도 불구하고 발견되지 못한 것은 다음과 같은 이유에서였다.

그 하나는, 해면이 풍파나 조석처럼 짧은 기간 사이에 크게 상하로 움직이지 않기 때문이었다. 수십 일에 거쳐 느리게, 더욱이 해면의 높이가 약간만 변하기 때문에 발견하기 어려웠다. 또 하나는 작은 소용돌이는 겉보기에 별 이상이 없으므로 발견되지 못했고, 세 번째는 큰 소용돌이라 할지라도 항상 같은 위치였다면 훨씬 이전에 발견되었겠지만 시종 유동하고 있으므로 발견하기 어려웠다.

해류(海流)

소용돌이와는 달리 일반적으로 늘 같은 곳에 존재하는 것이 해류이다. 같은 곳이라고 하지만 이는 광범위한 지역을 대충 하나로 묶어 표현하는 것으로, 예컨대 쿠로시오(Kuroshio Current 또는 Japan Current)는 남극 해류(남극 대륙 주위를 서쪽에서 동쪽으로 흐르는 해류로, 흐르는 물의 양으로는 세계 최대의 해류)는 대표적인 해류의 하나이지만 언제나 같은 코스를 따라 흐르는 것은 아니다. 10일 전과 오늘은 코스와 흐름의 속도 모두 다르며 수 년 내지 수십 년마다 그 코스가 크게 굽이친다.

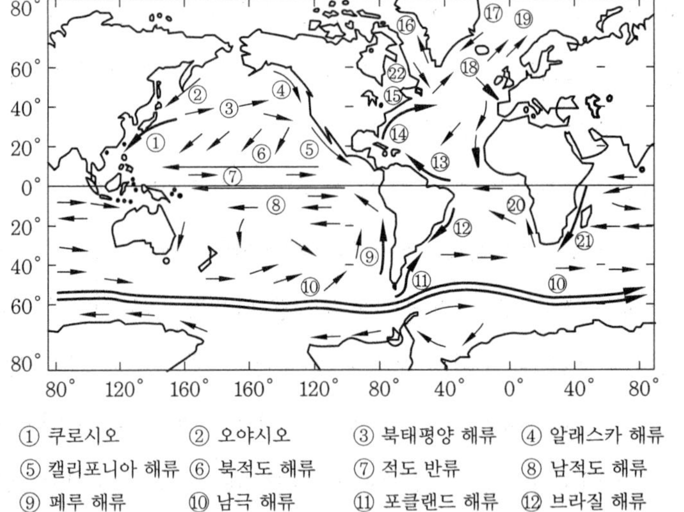

① 쿠로시오 ② 오야시오 ③ 북태평양 해류 ④ 알래스카 해류
⑤ 캘리포니아 해류 ⑥ 북적도 해류 ⑦ 적도 반류 ⑧ 남적도 해류
⑨ 페루 해류 ⑩ 남극 해류 ⑪ 포클랜드 해류 ⑫ 브라질 해류
⑬ 기아나 해류 ⑭ 플로리다 해류 ⑮ 멕시코 만류 ⑯ 서그린란드 해류
⑰ 동그린란드 해류 ⑱ 북대서양 해류 ⑲ 노르웨이 해류 ⑳ 벵겔라 해류
㉑ 모잠비크 해류 ㉒ 래브라도 해류

세계의 해류

그러나 쿠로시오는 언제나 대개 일본의 남서 여러 섬, 즉 규슈, 시코쿠, 기이(紀伊)반도의 난바다 해역을 흐르며, 일본 본토에서 1,000킬로미터 이상 떨어지는 사례가 없다.

남극 해류가 나르는 물의 양은 초당 10만 톤, 쿠로시오가 수억 톤 걸프 해류가 남극 해류와 쿠로시오의 중간 정도라 한다. 참고로, 전 세계의 인구가 1초 동안 사용하는 물의 양은 약 10만 톤이다.

물덩어리(수괴)

해양이 공기와 맞닿은 면, 즉 해면은 기상학적 조건이 매우 변화에 능하다. 예를 들면, 적도 부근은 일사(日射)가 강하기 때문에 기온과 해면의 수온이 모두 높지만 두 극지방에 가까워지면 일사가 약하고 수온도 낮으므로 남극 바다와 북극 바다는 1년 내내 얼음으로 덮여 있는 곳도 있다.

해면의 바닷물은 증발하지만, 증발하기 위해서는 해면이 대기보다도 따스해야 하고, 증발이 활발하기 위해서는 강한 바람이 필요하다. 이와 같은 조건들이 잘 부합되는 해역은 1년 내내 바람이 불고 있는 '무역풍대'(남, 북위 22°) 또는 겨울철 쿠로시오 유역이라든가 걸프 유역처럼 비교적 온난한 해구에 북서의 계절풍이 찬 공기를 몰아다 주는 해면이다.

증발이 활발한 해구(海区)에서는 그로 인하여 염분이 증가하므로 무역풍대에서는 일반적으로 바닷물의 염분 농도가 높다. 또, 남극 대륙 주변과 북대서양 등에서는 해면 바닷물이 냉각되어 밀도가 높아지기 때문에 대류에 의해서 많은 양의 바닷물이 심층으로 가라앉게 되므로 당연히 아래층에서도 바닷물의 밀도는 높아진다.

바닷물이 결빙할 때는 먼저 염분을 함유하지 않은 순수한 결정(結晶)이 형성된다. 수분을 잃은 바닷물 속에는 염분이 많아지고, 짙은 염수가 순수의 결정과 결정의 틈 사이에 고인다. 이렇게 해서 형성된 물, 즉 염분을 여분으로 함유한 물은 무겁기 때문에 결빙 후 시간이 경과함에 따라 중력으로 인하여 얼음 결정의 틈을 통하여 해빙 아래로 떨어진다.

따라서 해빙 바로 아래의 바닷물은 무겁기 때문에 다시 바다의 깊은 곳으로 침하한다. 이윽고 봄에서 여름으로 바뀌면 해빙이 녹아서 해면의 염분은 낮아진다. 이와 같이 염분이 낮은 가벼운 바닷물은 해면을 표류한다. 이러한 상태가 발생하면 해양 표면 장소에서 여러 가지로 성질이 다른 바닷물의 덩어리 즉, 수괴(水塊)가 형성된다.

쓰나미와 해일

해류, 조석, 큰 파도, 풍파 등은 대개 어디서나, 어느 때나 관찰할 수 있는 운동이다. 그러나 바닷물의 운동 중에는 드물게 일어나는 것도 있다.

해저 아래서 지진이 발생하거나 해저의 화산이 폭발하거나 또는 해저에서 큰 지각의 밀림이 일어나면 해면 일부가 짧은 시간 동안 솟아오르거나 반대로 움퍽 꺼지는 경우가 있다. 이 솟거나 꺼지는 상태를 다음 순간에는 무너져 사방팔방으로 파도가 되어 밀려 나간다. 이것이

'쓰나미'인데, 해안을 엄습할 때는 파도의 높이가 10미터를 넘는 경우도 있어 인명과 재산에 큰 피해를 초래하게 된다.

쓰나미는 그리 자주 일어나지 않지만 해일은 쓰나미에 비해서는 자주 일어나는 경향이 있다. 태풍이나 발달한 저기압이 해안으로 접근하면 해면이 유달리 높아지는 경우가 있다. 기압이 낮으므로 바닷물이 위로 끌어당겨지는 형태가 되기 때문이다. 그리고 바람이 해안을 향하여 강하게 불기 때문에 바닷물도 바람에 떠밀려 해안으로 향하면서 해면을 밀어 올리기 때문이다. 큰 쓰나미에 비해서는 파도의 높이가 낮은 편이지만 만조 때에 해일이 겹치게 되면 큰 피해를 초래하는 수도 있다.

태양의 열과 빛

바다의 생명을 유지하는 첫째 에너지는 태양에 의한 빛과 열이다. 그 열량은 대기권 밖에서 빛의 방향에 수직으로 1제곱센티미터에 대하여 1분간에 1.9칼로리로 측정되었다. 그러나 실제로 지표에 도달하는 것은 평균적으로 1제곱센티미터당 1분간에 약 4분의 1칼로리이다.

또 직접 열을 받는 해면은 태양광에 대하여 기울어져 있는 것이 일반적이므로 하루 사이에는 경사가 변하여 해면이 받는 빛의 양에도 증감의 차이가 있다. 이러한 점을 고려하여 계산하면 1년에 지구의 바다 전체가 태양으로부터 받는 열의 총량은 5.6×10^{23}칼로리라는 엄청난 양이 된다.

해면으로 쏟아져 내리는 태양의 빛과 열은 표면에서 일부 반사되고 나머지는 투명한 바닷물 속으로 침입한다. 이 반사율은 광열선(光熱線)이 해면에 침입하는 기울기(경사)에 따라 달라지며, 기울기가 클수록 반사율은 증가한다.

열선은 수 센티미터 두께의 표층 물에 흡수되어 물의 온도를 높이고, 광선은 깊은 물층까지 도달한다. 그 깊이는 물의 투명도에 따라 다르지만, 광전관(光電管)으로 그 밝기를 측정하면 투명한 바다에서는 70미터에 이르는 깊은 층에서도 표면 바로 아래의 밝기, 조도(照度)의 1퍼센트 정도의 조도를 얻을 수 있다. 광선은 그다지 깊이까지 흡수되지 않고 도착하는 것을 알 수 있지만 그래도 결국은 흡수된다.

흡수된 광선도 결국에는 열로 변하여 물의 온도를 높이게 되는데, 여기서 주목할 사항은 빛의 일부가 수중에서 유기물이라는 생물질을 만들어 내는 데 사용된다는 점이다.

탄소 동화작용

바닷속에는 엽록소(chlorophyll)를 가진 식물 플랑크톤류가 살며 수중의 이산화탄소와 물속으로 스며들어 오는 태양 빛을 사용하여 당류(糖類)와 같은 유기화합을 만들어 내고 산소를 유리시킨다. 이를 '기초산생'이라고 한다.

만들어진 당류는 식물 플랑크톤 자체의 또는 다른 생물의 먹이가 되어 제2차, 제3차 변화를 거쳐 많은 종류의 유기물을 만들어 내어 생물에게 에너지를 공급한다.

이러한 물질 변화에는 산소가 작용하여 종국적으로 물질은 시초에 사용된 이산화탄소로 환원되거나 혹은 필요 없는 것으로 분해하고 만다. 이와 같은 과정을 통하여 사용된 빛은 열로 변하여 물을 데우게 된다. 이러한 변화를 생물을 통한 '물질의 대사'라고 한다.

이 중에서 탄소 동화작용(同化作用)만은 빛이 스며드는 위층의 물에 한해서만 이루어지기 때문에 녹색 식물이 활발하게 활동하여 번식할 수 있는 것은 바다 위에 국한된다. 제2단계 이하의 변화는 수층의 상하에 상관없이 식물, 동물 또는 이들의 유해와 단편을 포함하는 심층에서까지 발견된다.

제1단계의 바닷속 산소 동화작용의 크기는 탄소의 무게로 쳐서 1년당 5.3×10^{16}그램에 이르는 크기로, 육상 식물에 의한 양과 합쳐 1.6×10^{17}그램에 이를 것이라고 한다.

태양으로부터 받는 광열의 양

하루 사이, 태양이 솟아오른 뒤 중천에 이르기까지는 태양의 조도(照度)가 증가하지만 그 후에는 태양이 지기까지 빛은 점차 약화된다. 또, 낮과 밤의 길이 비율도 계절과 함께 변한다.

지구는 지축의 주위를 하루 주기로 서쪽에서 동쪽으로 돌며 자전(自轉)하고 있다. 또 지구는 자전 외에도 1년이란 시간에 걸쳐 태양을 일주하고 있다. 그 공전(公転)의 궤도면에 대하여 지구는 직각이 아니라 약간 기울어져 있다. 이 기울어짐이 존재하기 때문에 춘하추동 4계절의 변화와 밤낮의 시간 장단이 일어난다.

1년 중 밤낮의 길이가 같아지는 날이 두 번 있다. 춘분(春分)과 추분(秋分)이 그 날이다. 이때는 태양이 적도 바로 위에 위치하고 남반구와 북방구에 각각 같은 양의 광열을 전달한다. 태양이 정동쪽에서 떠서 정서쪽으로 지는 날이다.

춘분이 지나면 지구는 공전 궤도를 진행함에 따라 태양면에 대한 지축의 기울기 영향이 점차 커지고, 태양광이 정오에 직각으로 지구면에 내리 쪼이는 지점은 적도에서 북쪽으로 옮겨가 마침내는 북위 23도 27분선에 이른다. 이 선을 '북회귀선(北回帰線)'이라 한다.

이 시기 북반구에서는 춘분의 낮에 정동쪽에서 해가 뜨던 것이 그보다 이른 시각에 북쪽으로 치우친 위치에서 솟아오르는 것을 볼 수 있다. 낮 시간이 밤보다 길고 태양 광열을 보다 많이 받게 되며, 북극 지역에서는 일몰이 없다.

이때가 하지(夏至)라고 하는 6월 22일 무렵이다. 반면 남반구에서는 태양광을 받는 양과 시간이 줄어, 겨울철이 되고 어두운 밤이 이어진다.

하지 이후의 지구의 공전은 춘분에 대응하는 추분으로 발걸음을 재촉하여 태양광의 직사는 적도로 회귀하고, 다시 더 남진하여 남위 23도 27분의 '남회귀선'에 이른다. 이것이 12월 22일 무렵의 '동지(冬至)'이고, 북반구의 낮은 가장 짧다.

우리가 겨울과 여름을 실감하게 되는 시기는 동지나 하지를 어느 정도 지나서인데 이는 '광열 축적효과' 때문이다.

이렇게 하여 지구의 공전 궤도면에 대한 지축의 기울기가 햇빛의 소장(消長), 4계절 기후의 변화, 북반구와 남반구의 여름, 겨울의 교차 근원이 되는 것을 알 수 있다.

바다의 온도

바닷물의 온도는 보통 표층에서 높고 깊은 층으로 갈수록 떨어진다. 그러나 때와 장소에 따라서는 표층의 해수 온도가 떨어져 밀도가 늘어나고 아래층의 따스하고 가벼운 바닷물과 뒤바뀐다.

순수한 물이라면 섭씨 0도로 떨어지면 얼음으로 변하지만 바닷물은 염분을 포함하고 있기 때문에 이보다는 좀 더 낮은 온도로 떨어져야 비로소 언다. 이것을 '빙점강하(氷點降下)'라고 한다. 그 강하의 비율은 염분 3.5퍼센트의 바닷물인 경우 마이너스 1.91℃가 된다.

바다의 표층수에 관해서는 1960~1970년 사이, 적도에서 북위 60도까지의 북서태평양 해역의 수온 측정값을 수집하여 월별 평균의 등온선(等溫線)을 작성한 기록이 있다.

7월의 기록을 보면 28~29° 를 넘는 값이 열대 해역을 차지하고 그보다 북상하여 온대 해역으로 들어서면 위도선을 따라 거의 평행하여 등온선이 그려졌지만 북위 50도선과 가까워지면 수온이 10℃ 이하로 떨어지는 것을 볼 수 있다.

1월의 온도를 비교하여 보면, 열대역에서는 여름철과 다름없이 29℃를 넘는 곳도 있으나 북회귀선 부근에서는 24℃ 정도로 온도가 떨어지고 이어서 온대 해역에 들어서 등온선은 균일하게 북쪽을 향하여 떨어지고 남해안 부근에서는 8℃ 가까운 수온 분포를 보이고 있다.

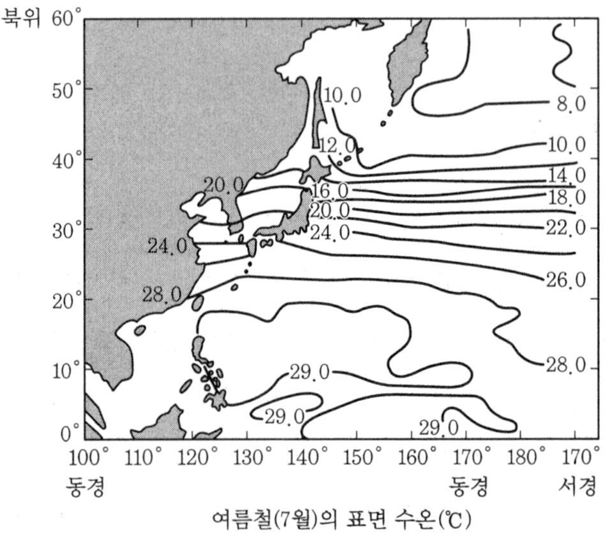

여름철(7월)의 표면 수온(℃)

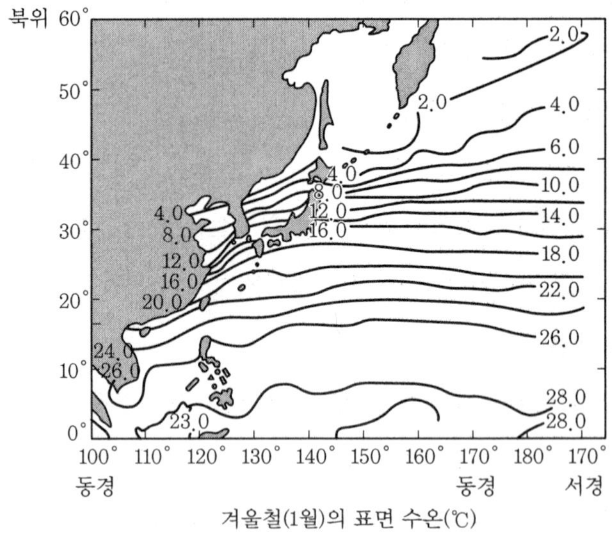

겨울철(1월)의 표면 수온(℃)

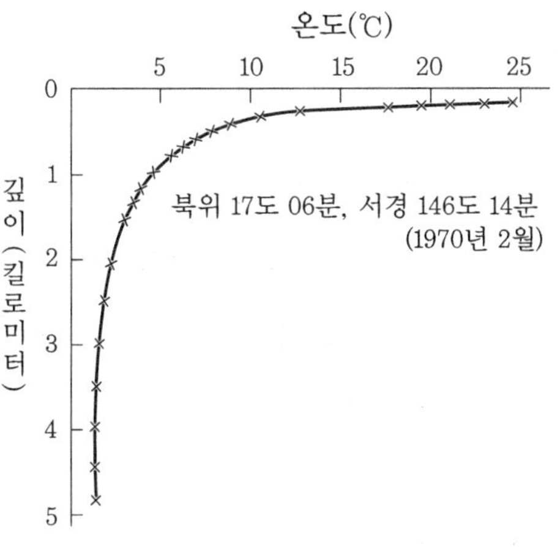

수온의 수직분포

온대 해역의 수직 방향(바다의 깊이 방향)의 온도 변화를 나타내는 예로, 북위 17도 06분, 서경 146도 14분에서 얻은 온도 그림을 보면 가장 위의 표층 0미터에서 깊이 72미터까지 같은 값인 23.6℃를 유지하고, 그로부터 400미터 깊이까지는 10℃ 가까이까지 내려가고, 또 930미터에 이르면 4.0℃ 가까이, 이하 1,904미터에서 2℃ 대로 떨어지고 이후 5,292미터까지 1.5℃ 전후의 값을 유지한다.

지금 깊이 1,000미터를 경계로 하여 위층과 아래층으로 나누면, 물의 대부분을 차지하는 위층의 바닷물 온도는 0미터에서 1,000미터까지 큰 온도 강하를 나타내지만 아래층은 평균 2.0℃의 물로 이루어져 있음을 알 수 있다. 다시 말하면 지구 표면은 그 75퍼센트가 2.0℃로 유지된 수천 미터의 두꺼운 이불 위에 태양광선과 열선으로 데워진 모포에 덮여 있는 셈이 된다.

바다와 기후

다음은 해상의 대기온도 분포도를 보자. 그림은 표층 수온의 분포에 맞추어서 작성된 것이다. 기온은 육상에서의 측정과 마찬가지로 원칙적으로 약 1.5미터 높이에서 일사(日射)를 피해 통풍이 좋은 백엽상 속에 온도계를 매달아 눈금을 읽고, 그 기온에서 표층 수온을 뺀 값을 기록한 것이다.

7월 경우를 보면, 북회귀선에서 남쪽의 열대 외양(外洋)에서는 그 값이 0에서 마이너스 1.0까지이고 기온은 표층 수온과 같거나 약간 낮다. 서경 180° 부근에서는 플러스 기호가 붙어 기온이 높다. 바다가 육지까지 파고든 모양으로 된 서경 110° 의 통킹만에서도 마찬가지이다. 높고 낮음은 있지만 차이는 불과 1.0° 범위에 머문다.

온대로 들어서, 북위 30도선에서는 기온, 표층수의 온도에 차이가 거의 없어지고 그보다 북쪽의 북위 50도선까지는 기온이 1℃ 정도 수온보다 높다. 또 하나 주목해야 할 사항은, 외양에서는 등고선이 대부분 위도와 평행하게 달리고 있지만 대륙과 가까워짐에 따라 남쪽으로 기운 분포로 되어 있는 점이다.

겨울철 그림을 보면, 바로 눈에 들어오는 것은 대부분 마이너스 기호가 붙어 있다는 점이다. 대기의 온도가 표층수의 온도보다 낮다. 낮은 값이 0.0에서 7.0까지 큰 폭을 나타내고 있다. 즉, 겨울에는 수온보다도 대기 온도가 매우 낮아진다는 것이다. 또 그 온도는 육지에 가까울수록 크게 낮아진다.

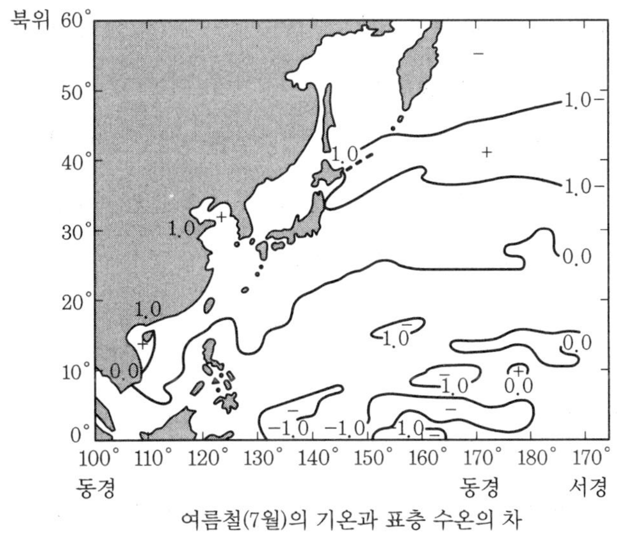

여름철(7월)의 기온과 표층 수온의 차

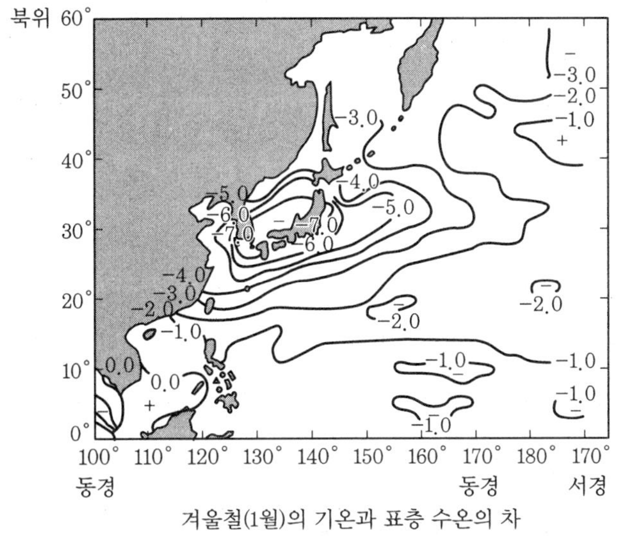

겨울철(1월)의 기온과 표층 수온의 차

이와 같은 관계를 1년을 통하여 관찰하여 보면 태평양의 북서부 바다에서는 5월에 시작하여 8월까지 사이는 기온이 바닷물 온도보다 1.0도 높고 9, 10, 11월은 바닷물에 비하여 기온이 낮아지며, 1월에 최저가 되어, 이 상태가 4월까지 이어지고 있다. 해양의 기온이 물 온도보다 높은 기간이 짧다. 가을에서 다음 해 봄까지, 즉 1년 중 3분의 2 기간은 반대로 기온이 수온보다 7.0℃나 낮아진다.

대기와 바다

대기는 바다 위를 뒤덮을 뿐만 아니라 지구 전체를 감싸고, 바다의 깊이는 평균적으로 3,000~4,000미터를 넘지 않는 데 비하여 대기는 지면에서 수백 킬로미터에 펼쳐져 있다. 지표에 가까운 쪽에서부터 대류권, 성층권, 전리층의 세 부분으로 나누어지며, 대류권 높이는 적도에서 16킬로미터, 남극, 북극에서는 6킬로미터에 이르고 있다. 대류권에서의 기온은 지표에서 상공을 향하여 약 100미터 높이마다 0.6℃씩 떨어진다.

대기의 무게는 1기압, 상온에서는 0.0012그램으로 물의 무게보다 1,000분의 1에 불과하다. 그리고 비열(比熱)은 물의 4분의 1에 지나지 않는다. 같은 부피의 대기와 물에 같은 양의 열을 가하여 온도를 높이는 경우, 대기는 물보다 3,000배나 온도가 높아지게 된다. 바닷물에 비하여 대기의 온도변화 폭이 큰 것은 물과 대기의 열에 대한 성질 차이 때문이다.

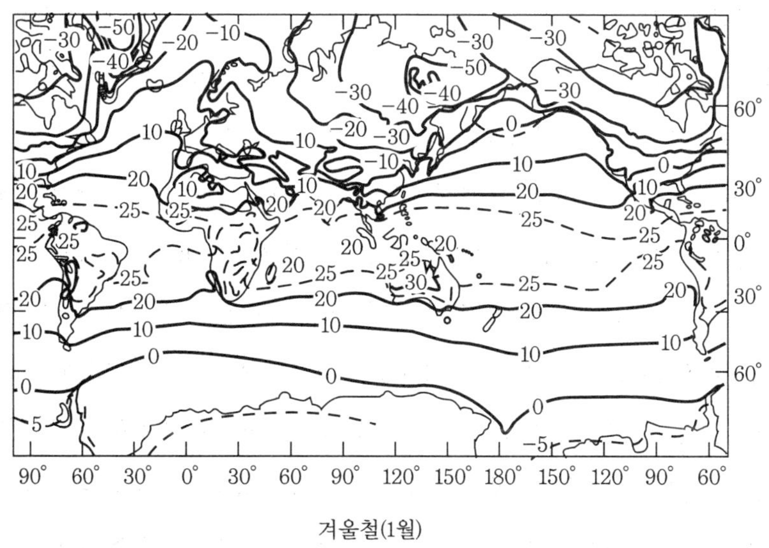

겨울철(1월)

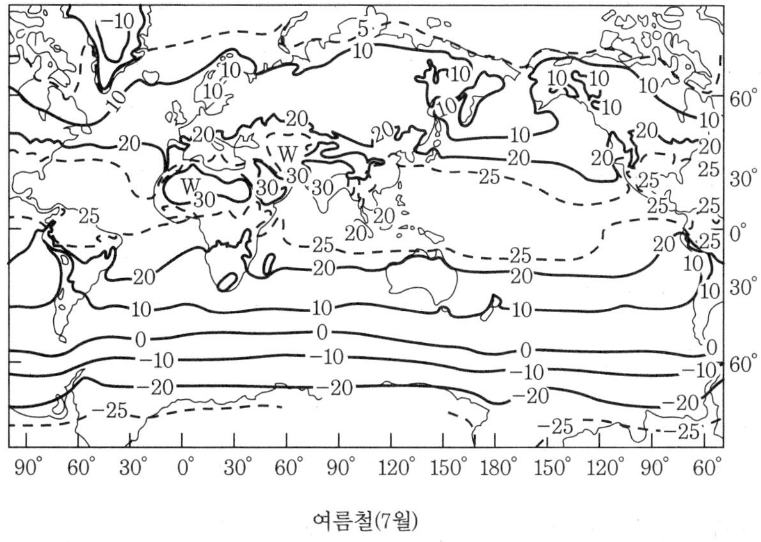

여름철(7월)

세계의 기온분포도(℃)

바다의 표면 수온과 대기온도의 차이 분포를 소개하였는데, 해면에서 대기를 향해 열량이 옮겨 가는 데 관해서도 고찰할 필요가 있다.

해면에서 대기로 열이 옮겨 가는 것은 세 가지 길이 있다. 첫 번째는, 표면 수온이 접촉하는 대기의 온도보다 높은 경우 열은 '열전도'에 의해서 대기로 옮겨 간다. 두 번째는, '흑체방사(blackbody radiation)'라고 하며, 따스한 물의 표면에서 찬 공간으로 열이 방사선으로서 송출된다. 열은 수면의 절대온도의 4승에 비례하여 반사된다. 맑게 갠 날 밤에는 멀리 대기권 밖으로까지 송출된다. 구름이 낀 경우는 가로막힌다. 세 번째는, 수면에서의 '증발'이다. 1그램의 증발에 540칼로리 정도의 열이 잠열(潛熱)로서 탈취되므로 나머지 물은 온도가 떨어진다.

바닷물에서 대기로 열량이 옮겨 가는 세 가지 길 중에서 어느 것이 어느 정도로 옮겨 가는가에 대해서는 아직 통일된 견해가 제시된 것이 없다. 그러나 증열량의 크기는 증발한 수증기가 응축하여 내리는 눈비의 양(강수량)의 관측으로 막대한 양에 이르는 것을 알 수 있다. 지구 전체의 육상에는 많은 관측소가 산재하여 있어 강수량을 계속 관측하고 있다.

육지에 내린 강수의 일부는 증발과 증산(蒸散)으로 하늘로 올라가고 나머지는 하천을 통하여 바다로 돌아온다. 전 세계 하천의 유출량과 강수량을 비교하여 약 30퍼센트 정도가 증발량이 되는 것으로 추정하지만, 이 육지면에서의 증발량을 공제하고 보면 해면에서의 실제 증발량은 1,000밀리미터보다 큰 약 1,300밀리미터인 것으로 추정된다.

육지와 열

육지면은 호수와 하천처럼 물을 담은 부분도 있지만 대부분은 지각을 형성하고 있는 암석이나 모래흙에 덮여 있고, 또 그 위에 산림이나 논밭과 식물에 덮여 있다. 이러한 물질의 대부분은 물과는 달리 투명하지 않으므로 외부로부터 들어오는 빛과 열을 표면에서 받아들일 뿐이고 나머지는 반사하여 밖으로 돌려주는 꼴이 된다. 또 암석질의 비열은 작아, 1그램당 수정(水晶)의 0.19칼로리, 대리석의 0.2칼로리와 물의 비열 1칼로리의 5분의 1 정도 크기이다.

따라서 같은 열량을 받을지라도 이들 물질은 물에 비하여 중량당 5배나 온도가 높아지게 되어 그에 접촉하는 공기를 데우게 된다. 또 이런만큼 냉각도 빨라, 찬 공기가 유입하거나 일사가 차단되는 경우에는 그 온도가 급격하게 떨어진다. 이것이 해면에 비하여 육지에서 한난(寒暖)의 차이가 큰 원인이 된다.

앞 페이지의 그림은 7월과 1월의 세계 기온 분포도이다. 7월의 경우 적도에서 북쪽 20° 등온선을 보면, 해상에서는 북위 25° 부근에서부터 북위 40° 범위를 달리고 있으나 육지로 들어서면 아시아, 유럽 대륙에서는 북위 40~55°를 달리고 아메리카 대륙에서도 북위 40~50°로 오르는 것을 볼 수 있다.

바다에서 10°의 등온선은 북위 50° 부근에 멈추지만, 육지로 들어서면 훨씬 북쪽으로 치우쳐 있다. 인도와 아프리카 대륙의 북반부에는 30° 이상의 고온지대가 있다. 넓은 해상에서는 30도에 이르는 장소가 보이지 않는다.

1월의 도면에서는 기온 0℃의 등온선이 태평양에서는 일본 홋카이도(北海道)에 접한 북위 42° 부근에서 알류산열도를 따라 북위 57° 범위를 달리고, 대서양에서는 북위 69° 에서 37° 사이를 달리고 있으나 대륙에 이르면 북위 30° 에서 60° 범위까지 내려가고, 이 선까지 마이너스 10~40℃ 선이 북쪽에서 밀려와 있다. 이처럼 육상에 살고 있는 우리의 환경은 큰 기온의 변동이 지배 요소가 되고 있다.

지구 상의 최저 기온은 겨울철의 북극이거나 또는 여름철의 남극으로 기록될 것이라고 생각하기 쉽다. 실제로 남극의 극정에 설치되어 있는 관측소에서는 마이너스 60℃에 가까운 값이 보고된 바 있다. 하지만 '세계의 극한'으로 지목되는 시베리아의 야쿠츠크에 가까운 베르호얀스크에서는 1월에 마이너스 73℃라는 최저 기록을 보이기도 했다. 이 곳은 북극권의 남쪽 끝에 위치하며, 여름철에는 기온이 43℃로 상승하고 여름과 겨울의 평균 기온차가 55℃에 이른다. 따라서 여름이 되어도 기온이 마이너스 30℃를 넘지 않는 남극과는 큰 차이가 있다.

앞으로의 과제

지구는 언제 형성되었는가? 지각이 굳어지기 시작한 것은 언제부터이며 바다가 만들어진 것은 언제였는가. 바닷물에 포함되어 있는 염분의 조성은 점차 변하고 있는 것은 아닌가? 또 바닷물의 염분은 어떻게 하여 오늘날과 같은 조성이 되었는가? 생물은 최초에 바다에서 태어났다고 하였는데 그것은 어떠한 생물이며, 그것이 오늘날과 같은 많은 생물류로 번식한 것은 어떠한 과정을 거쳐 왔는가?

이것은 아득한 옛날부터 많은 사람들이 궁금해 했고, 우리 또한 자연과학이란 학문적 방법에 의해서 해명하려고 노력해온 문제였다. 그리하여 서서히 축적된 지식을 바탕으로 오늘날에 이르러서는 34억 년 이전에 이미 지구 상에 생물이 살고 있었다는 증거가 확인되었다.

이것은 바다에 퇴적한 지층 속에 화석으로 존재하고 있는 생명의 증거를 찾았다는 것을 의미하며, 동시에 당시 바다가 존재했었다는 증거이기도 하다.

그 무렵 바닷물의 화학조성은 현재의 바닷물 조성과 크게 다르지 않았다는 것도 점차 명확하게 밝혀졌다.

이 길고 긴 약 30억 년이라는 세월 동안 지구는 여러 가지 변동에 직면했던 것도 사실이다. 그럼에도 불구하고 변동은 생물을 근절시킬 만한 격심한 것은 아니었다. 우리의 환경에는 '자연의 조화'가 있으며 지금껏 조화를 이루며 작용해온 것으로 생각된다.

바다도, 대기도, 육지면의 환경도 이와 같은 자연의 조화가 보존되는 한, 앞으로 수십 억 년, 아니 이보다 더 길이 우리 인류와 자손의 번영을 보증하게 될 것이다.

문제는 인류에게 강력한 힘을 보태준 과학과 기술의 발전이 지구 환경에 커다란 변화를 초래할 만한 사태에 직면하였다는 사실이다. 이제부터라도 과학과 기술은 생물이 보다 살기 좋은 환경을 조성하는 데 기여하기를 바란다.

3장

바다와 기후

물과 온도

지구 표면의 공기(1기압의 공기) 1세제곱센티미터의 온도를 10℃ 높이려면 0.003칼로리의 열을 가해야 한다. 그러나 이것과 같은 정도의 열(즉 0.003칼로리)로 1세제곱센티미터의 물을 데우면 온도는 고작 0.003℃가 높아질 뿐이다. 이처럼 물은 공기보다 데워지기 매우 어렵다.

식히는 경우도 마찬가지이다. 식힌다는 것은 열을 뽑아내는 것인데, 같은 열량을 같은 부피의 물과 공기에서 뽑아내면(탈취하면) 공기는 온도가 물보다 3,000배 이상이나 낮아진다.

지구 상의 물은 하천과 연못, 흙과 대기 속에도 존재하지만 그 대부분(97퍼센트 이상)은 바다에 있다. 바다의 물은 가로, 세로 깊이가 1,100킬로미터 정도의 입방체 됫박에 가득히 담을 수 있는 양이다. 그러므로 바닷물 전체의 온도를 단 1℃ 높인다 하여도 엄청난 열량을 필요로 한다.

예를 들어, 지금 전 세계 사람들이 사용하고 있는 에너지(1년에 약 10^{20}칼로리)로 바닷물을 데운다고 하면 바다의 수온은 1년 걸려 약 0.0001℃밖에 높아지지 않는다.

해수와 진수의 차이

바닷물의 약 3.5퍼센트는 염분이고 나머지 약 96.5퍼센트가 물이다. 대부분이 물이므로 바닷물의 성질은 진수(眞水)의 성질과 비슷하지만 크게 다른 점도 있다.

그 하나가 온도가 변한 경우의 수축과 팽창이다. 진수는 온도가 떨어지면 4℃까지 수축하지만 그 이하에서는 팽창하므로 4℃에서 가장 무거워진다(최대 밀도가 된다).

하지만 바닷물은 4℃ 이하에서도 온도가 떨어지면 수축하고 빙점(마이너스 1.9℃ 정도)에 이르러 얼음이 되기까지 밀도는 늘어날 뿐이다. 이와 같은 차이가 있기 때문에 진수인 호수의 물은 쉽게 냉각되어 얼음이 얼기 쉽지만 바닷물은 쉽게 냉각되지 않아 얼음이 얼기 어렵다.

가을에서 겨울에 걸쳐 호수의 표면은 냉각된다. 냉각된 물은 수축하여 무거워져 바닥으로 가라앉는다. 대신에 못의 바닥에서는 약간 따스한 물이 호수면까지 상승하게 되지만 이내 냉각되어 무거워지면 다시금 바닥으로 되돌아간다. 이것을 '대류(對流)'라고 한다.

호수의 온도가 4℃까지 떨어졌을 때 대류는 멎는다. 호수면의 수온이 4℃ 이하가 되면 호수면 물은 반대로 팽창하여 바닥의 4℃의 물보다 가벼워지기 때문이다. 바닥의 온도는 4℃ 이하로는 떨어지지 않는다.

그러나 만약 못이 바닷물로 차 있다면 이렇게 되지 않는다. 4℃로 되거나, 그 이하로 되어도 표면의 물은 냉각되면 무거워져 바닥으로 가라앉고 대류가 멎지 않으므로 냉각되어 있는 것은 언제나 못 전체의 물이지, 표면의 물뿐만은 아니다.

표면의 물은 곧바로는 냉각되지 않고 바닷물의 빙점은 마이너스 1.9℃ 정도이므로 좀처럼 얼지 않는다. 바닥의 수온은 진수로 차 있는 못과는 달리 4℃ 이하가 된다.

실제로 깊이가 5,000미터 내지 6,000미터에 이르는 심해의 수온은 1.5℃ 전후가 되는 곳이 많다. 이 차고 무거운 물은 남극해와 북대서양의 북부(그린란드에 가까운) 해면에서 가라앉아 세계의 심해를 서서히 흘러 수백 년, 혹은 1,000년 이후에 다시 해면으로 떠오르는 것 같다고 한다. 즉, 이것은 지구 가득히 펼쳐진 커다란 대류라 할 수 있다.

물의 성질

우리의 일상생활에서 가장 밀접한 액체는 물 또는 수용액(水溶液)이다. 기름을 제외하면 온갖 음식물, 간장 등의 조미료, 그리고 땀(汗), 혈액까지도 모두 수용액이므로 물은 그저 넘쳐나는 물질이라고 생각하기 쉽다. 그러나 사실 물은 변화가 매우 능한 물질이다.

예컨대, 물만큼 온갖 종류의 것을 용해시키는 액체는 많지 않다. 그러므로 더럽혀진 것의 대부분은 물로 씻어내는 편리함도 있지만 유해한 오염 물질을 용해하여 멀리까지 나르는 공해의 조력자가 되기도 한다.

쉽게 데워지지 않고, 쉽게 식혀지지 않는 것은 물의 큰 특징 중 하나이지만 이 밖에도 증발과 빙결, 융해, 압력을 가했을 때의 수축은 다른 물질에 비하면 두드러지게 다른 특징이다.

이와 같은 특징이 모두 함께 어우러져, 아득한 옛날부터 지금까지, 바다의 온도가 너무 높거나 낮음도 없이, 또 바닷물의 양이 크게 줄거나 넘침이 없이 작용하고 있다.

이처럼 특이한 성질을 가진 물이라는 물질이 지구에 대량으로 존재하는 덕분에 뒤에서 기술하는 바와 같이 우리를 감싸는 기후도 약간은 더운 해도, 추운 해도 있지만 대개 매년 4계절의 변화를 반복하고 있다. 인류를 멸망으로 이끌 만큼의 더위와 추위가 지구를 엄습하지 않을까 하는 걱정은 하지 않아도 된다.

빙하기의 바다

그러나 지금으로부터 약 18,000년 전의 지구는 매우 추웠다. 이 '빙하기'의 전성기에는 유럽 대륙과 아메리카 대륙에서는 빙하가 널리 남쪽까지 뻗어 있었다. 바다에서 증발한 수증기는 빙하기 되어 육상에 머물러 바다로 돌아오지 않기 때문에 바닷물이 줄어 해면이 지금보다 140미터나 낮았다. 하지만 바다의 깊이는 평균 3,800미터이므로 140미터 정도의 변화가 바다 전체적으로는 큰 일이 벌어진 것이 아니었다.

이때 8월 무렵의 지표 기온은 지구 전체를 평균하여 현재의 기온보다 수℃ 정도 낮았을 것으로 추정된다. 그러나 해면의 평균 수온은 현재보다 1℃ 낮았을 뿐이었다.

날씨와 기후

바닷물의 온도는 쉽게 변하지 않는다고 하였는데, 우리들은 바닷속에서 사는 것이 아니라 대기 속에서 살고 있다. 오늘날에는 날이 더운지 추운지, 비가 내리는지 내리지 않는지, 바람이 센지 약한지, 일상생활과 관련이 깊은 하루하루의 대기 현상을 종합하여 날씨라고 한다. 기후는 날씨를 몇 개월, 몇 해, 몇십 년이란 긴 기간에 걸쳐 평균한 것이다. 그러므로 '오늘의 날씨', '내일의 날씨'라고 하지, '오늘의 기후', '내일의 기후'라고 하지는 않는다.

마찬가지로 '금세기 전반의 기후'라든가 '100년의 기후'라고는 하지만, '금세기 전반의 날씨'라든가 '100년 후의 날씨'라고 하지는 않는다.

해양 기후와 대륙 기후

그런데 바다는 기후에 어떠한 영향을 미치고 있는 것일까. 기후는 열대와 온대, 한대에 따라 각각 다르고 같은 위도상에 있을지라도 장소에 따라 크게 다른 경우도 있으므로 그 특징에 따라 기후를 크게 분류할 수도 있다. 해양 기후와 대륙 기후로 분류하는 것도 그 하나이다.

해양 기후의 특징은 바다의 영향을 받아 기후의 변화가 작고 비가 많은 것을 들 수 있다. 반대로 대륙 기후는 기온의 변화가 크고 비가 적으며 건조한 것이 특징이다. 특히 바다에서 멀리 떨어진 대륙 내부에서는 이 경향이 심하다.

대륙의 표면을 덮고 있는 흙과 암석은 물보다 쉽게 데워지고 쉽게 식는다. 가령 1세제곱센티미터의 흙·암석과 물을 1칼로리의 열로 데운다고 한다면, 물의 온도는 1℃ 높아지지만 흙과 암석은 종류에 따라 다르겠지만 대략 2℃ 정도 높아진다.

해양의 변화

2007년에 발표된 IPCC의 제4차 평가보고서는 1906~2005년까지의 과거 100년 사이, 세계 평균 기온이 0.74℃ 상승한 사실을 명시하고, 온실효과 가스의 증가라는 인위적 요인으로 인하여 지구온난화가 계속 진행되고 있다고 원인을 규명하고 있다.

해양에도 변화가 나타나기 시작했다. 해양관측 결과 과거 40년 동안 수심 3,000미터 이내의 바닷물 온도가 평균 0.04℃ 상승한 것으로 밝혀졌다.

특히 해양의 상층일수록 온도 상승 폭이 커서, 수심 700미터까지에서는 평균 0.1℃ 상승한 사실을 관측으로 알게 되었다.

약간의 상승이라 하여 별로 대수롭지 않게 생각하는 독자들도 있을지 모르지만 결코 그러하지 않다. 왜냐하면, 대기 1 그램을 1℃ 상승시키는 데 필요한 에너지를 1이라고 하면, 바닷물 1그램을 1℃ 상승시키기 위해 필요한 에너지는 그 3.9배(대기와 바닷물의 비열*은 각각 0.1J/gK와 3.9J/gK)이다.

더욱이 지구 상 바닷물의 전체 질량은 대기의 전체 질량의 약

3,000배나 된다. 즉, 바닷물 온도를 1℃ 상승시키는 에너지는 기온을 1,000℃ 상승시키는 데 필요한 에너지와 같다.

해양 관측의 결과 과거 40년 간에 전 해양 평균

수심 3,000미터까지의 바닷물 온도는 0.04℃ 상승했고,
수심 700미터까지의 바닷물 온도는 0.1℃ 상승했다
(바다 표층에 가까울수록 온도 상승이 현저)

⇩

매우 큰 변화가 진행 중

바다의 1℃ 상승은 대기의 1,000℃에 상당하다
0.1℃ → 100℃
0.01℃ → 10℃
(바닷물의 비열이 대기의 3.9배, 바닷물의 전 질량이 대기의 300배이므로 열용량은 대기의 약 1,000배이다)
온난화가 진행되고 있음에도 기온이 1℃ 미만 밖에 상승하지 않은 것은 바다가 열을 흡수하고 있기 때문이다

⇩

기후 시스템에 가해진 열의 80퍼센트, 이산화탄소의 50퍼센트 가까이를 바다가 흡수하고 있다

온난화로 일어나고 있는 해양의 변화

즉, 가령 전 해양의 수온을 0.01℃ 상승시키는 열량이 모두 대기에 흡수된다고 하면, 기온은 10℃ 상승하게 된다. 바닷물 온도의 작은 변

***비열** : 물질 1그램의 온도를 1℃ 높이기 위해 외부에서 부여할 필요가 있는 열량. 단위는 J/g · k(J는 줄, k는 켈빈)

동이 지구 환경의 큰 변화를 나타내고 있다(이러한 이유로 해수온도 관측에는 0.001℃의 정밀도가 요구된다).

온난화가 진행되고 있음에도 기온이 1℃ 미만 상승하는 것은 바다가 열을 흡수하고 있기 때문이다. 바다와 대기의 관측을 통해, 기후 시스템에 가해진 열의 80퍼센트 이상, 인위적 요인의 이산화탄소 50퍼센트 가까이를 해양이 흡수하고 있다는 계산을 알 수 있다.

태양열

지구가 태양광을 받는 면적은 지구 전 표면적의 4분의 1이므로 대기권 밖에 도달하는 태양열은 지구 표면적 전체로 평균하면 1분간에 1제곱센티미터당 0.5칼로리가 된다. 이 0.5칼로리의 약 3분의 1은 대기와 구름, 지표(바다와 육지)에서 반사되어 다시금 우주 공간으로 돌아간다.

0.5칼로리의 6분의 1 정도는 대기와 구름에 흡수되고, 나머지는 지표를 데운다. 지표에 흡수된 열— 대기와 구름에 흡수되는 열의 약 3배 —의 일부는 대기를 아래에서부터 데우기 위해 쓰이고 나머지 열은 지표의 물을 증발시키기 위해 사용된다.

물이 증발할 때 1그램당 약 540칼로리의 열을 주위에서 빼앗아간다. 이 열을 기화열(氣化熱)이라고 한다. 수증기는 대기 중에서 식어 다시 물로 환원할 때 이 기화열을 주위의 대기에 방출한다. 다시 말하면, 처음 물속에 존재했던 열이 수증기 속에 잠복하고, 수증기가 물로 환원할 때 다시 밖에 모습을 나타내는 것이 기화열이므로 기화열을 일명 잠열(潛熱)이라고도 한다.

지표에서 증발한 수증기 속에는 물론 이 기화열이 잠복해 있어 대기를 속에서 데우게 된다. 그러므로 대기가 태양으로부터 직접 받는 열량은 얼마 되지 않지만 지표를 매개로 훨씬 많은 열을 간접적으로 받게 된다. 대기는 이 열(에너지)을 동력으로 하여 운동한다. 고기압 · 저기압이 만들어지고, 바람이 불며 비가 내린다.

대기의 입장에서 이처럼 소중한 지표는 육지와 바다로 이루어져 있지만, 바다 면적은 지표 전체(지구 표면적)의 71퍼센트나 되므로 해면의 수온이 대기에 미치는 영향은 매우 크다. 만약 해면의 수온이 변덕스러워, 어떤 이유로 시종 두세 번 높아지거나 낮아졌다면 그에 따라 대기의 상태 역시 정신이 어지러워질 정도로 크게 변할 것이다.

그러나 전술한 바와 같이 다행스럽게도 바다의 온도는 변덕스럽지 않으므로 어제는 불볕더위, 오늘은 혹한 따위의 이변은 발생하지 않는다.

해면에서의 증발

해면에서 증발한 수증기에 포함되어 있는 잠열은 대기에게 있어서는 큰 에너지 자원이다. 예를 들면, 남쪽 바다에서 발생한 태풍은 북상하면서 점차 발달하여 바람과 비가 모두 세력이 강해진다. 발달하기 위해서는 에너지가 필요한데, 이 에너지의 원천은 바다로부터의 수증기 잠열이다. 그러므로 태풍의 진로에 해당하는 해면에 특수한 약품을 살포하여 물의 증발을 억제함으로써 태풍이 발달하지 못하도록 하자는 김선달 같은 사람도 있다고 한다.

1년 동안 전 세계 바다에서 증발하는 물의 양은 바닷물 전체 양의 약 3,000분의 1, 해면의 높이로는 1.25미터 정도이다. 증발하여도 다시 비나 눈이 되어 해면으로 돌아오는 물도 있고 육지에서 하천의 물도 흘러들어 오므로 실제로는 해면이 낮아지지 않는다. 이 양은 현재 전 세계 사람들이 농업, 공업, 가정생활 등에서 1년 동안 소비하는 물, 즉 — 3,000세제곱킬로미터—의 약 150배이다.

이만큼의 물이 증발하면 잠열도 막대하여, 전 세계가 사용하는 에너지의 30배 정도가 된다.

동해와 강설

바다로부터의 수증기는 간접적으로는 대기의 운동에 가담하거나 태풍을 발달시키기도 하지만 직접적으로는 비나 눈이 내리는 데에도 영향을 미친다.

우리나라의 경우 겨울이면 내륙보다 동해 쪽에 눈이 많이 내린다. 시베리아 대륙이 한기로 가득 차고 상공의 대기도 한랭하여 무거워진 공기가 고기압이 되어 시베리아를 뒤덮는다. 이를 시베리아 고기압이라고 한다.

태평양은 바닷물이 냉각되지 않기 때문에 시베리아에 비해서는 기압이 낮으므로 기압 배치는 서고동저(西高東低) 형태로 되고, 바람은 대륙에서 바다를 향하여 불게 된다.

이 차고 건조한 공기가 동해상을 통과할 때 해면에서 수증기를 흡취하고, 수증기는 눈이 되어 동해 쪽에 내린다. 바람이 동해 바다를 가로지르는 시간이 길면 길수록 수증기를 흠뻑 흡취하므로 강설량도 많아진다.

바다가 나르는 열량

지구로 들어오는 태양열의 대부분은 우선 지표에 흡수되지만, 흡수되는 열량은 위도에 따라 많이 다르다. 열대에서는 많이 흡수되고 한대에서는 흡수량이 적다. 한편 지구 스스로도 열을 방출하고 있으므로 이를 제외하고 계산하면 열대에는 열이 들어오고, 한대에서는 열이 달아나게 되는 셈이 된다.

이처럼 지구는 열대에서 데워지고 한대에서는 식혀지고 있으므로 열대 온도는 점점 더 높아지고 한대 온도는 점점 더 낮아지는 것으로 생각하기 쉽다. 그러나 실제로는 그렇지 않다. 올해나 지난해나, 그리고 100년 전이나 1,000년 전이나 대체로 열대는 덥고 한대는 춥다.

이렇게 큰 변화가 없는 원인은 대기와 바다가 열대에서 한대를 향하여 열을 운반하여 한대를 데우고 열대를 식히고 있기 때문이다. 바다가 나르는 열량과 대기가 나르는 열은 거의 같아서 1년간에 10^{22}칼로리 정도, 즉 인류가 1년 동안 사용하는 에너지보다 두 자릿수가 크다.

바닷물과 대기가 대규모 운동을 하는 것은 근본을 따져 본다면 열대를 식히고 한대를 데우기 위해서이다. 이 덕택에 지구는 살기 좋은 환경을 유지하고 있다.

열의 저장고

물의 온도는 쉽사리 변하지 않는다고 하였지만 그래도 역시 여름철에는 바닷물의 수온이 높아진다. 한 가지 예로, 북반구의 여름 바다를 상상하여 보자. 물론 이때 남반구는 겨울철이다.

바다는 쉴 틈 없는 일꾼이라고 표현하는 것이 적절할지, 혹은 자연은 교묘하게 만들어진 것이라고 표현하는 것이 적절할지, 어쨌든 북반구 바다는 남반구 바다로 열을 보내 남반구가 너무 냉각되지 않도록 작용하고 있다. 그 열량도 대략 10^{22}칼로리에 이른다.

이렇게 많은 양의 열을 남반구에 송출하여도 북반구의 수온은 약간 높아진다. 그것은 대기로부터 열을 탈취하여 대기를 식혔기 때문이다.

북반구가 겨울일 때는 이야기가 달라진다. 남반구의 바다(여름 바다)에서 북반구의 바다로 열이 보내져 오지만 그래도 북반구의 바다 온도는 떨어진다. 바다가 대기에 열을 주어, 즉 대기를 데웠기 때문이다.

이와 같은 뜻에서, 바다는 말하자면 '열의 저장고'가 되고 있다. 겨울철 대기가 차가워질 때에는 저장고에서 열을 잡아내어 대기를 데운다. 여름철에는 지나치게 덥지 않도록 대기로부터 열을 탈취하여 저장고에 보관하여 둔다. 이렇게 6개월마다 저장고를 출입하는 열량 또한 10^{22}칼로리에 이른다.

기후 변화를 완화시킨다

바다는 열대에서 한대로 열을 나름으로써 위도에 따라 기후가 지나치게 변하는 것을 막을 뿐만 아니라 계절에 따라 북반구에서 남반구로, 혹은 남반구에서 북반구로 열을 송출하여 두 반구의 차이를 좁히고 있다. 대기 속에 여분의 열이 있는 여름철에는 대기에서 열을 탈취하고, 대기 중에 열이 부족한 조짐이 있는 겨울철에는 열을 보내주는 저장고 역할을 하여 기후 변화를 완화시키는 작용을 하고 있다.

바다의 이 작용은 100년, 1,000년, 1만 년이라는 길고 긴 세월을 통하여도 마찬가지이다. 어떠한 이유로 지구가 지나치게 더운 때에는 열을 축적하고, 지나치게 추워졌을 때(빙하기)에는 열을 대기에 방출하여 기후의 변화를 억제한다.

기후는 인간 생활의 온갖 부분과 깊이 관련되어 있다. 세계 인구가 늘어남에 따라, 특히 식량과 물, 에너지와 관련하여 기후의 변화를 예측하는 일이 매우 중요한 과제로 부각되고 있다.

기후는 인간 생활과 밀접한 만큼 먼 옛날부터 연구되어 왔지만 온갖 사항들이 복잡하게 얽히고설킨 관계로, 오늘날에 이르러서도 기후에 관해서는 많은 의문이 숙제로 남아 있다.

그러나 여기서 개략적으로 기술한 것만으로도 바다와 기후가 굳게 연결되어 있다는 사실만은 이해할 수 있을 것이다. 이 연결을 잘 이해하는 것이 '기후'라는 어려운 문제를 풀고, 더 나아가서는 기후 변화를 예측까지 할 수 있는 관건의 하나가 될 것으로 믿어진다.

행여, 기후 변화의 예측까지 할 수 있게 된다면 농산물의 생산과 저장, 원유의 수입, 발전소 운전, 대형 토목공사 등의 기획 · 시공 면에서 큰 실리를 얻게 될 것이다. 미국의 어떤 보고서에 의하면, 바다를 깊이 연구하여 기후를 이해함으로써 얻는 경제상의 이익이 해양 개발, 즉 해저에서 광물 자원을 채굴하거나 어패류를 양식하거나 항만을 정비하는 등으로 얻는 이익보다 월등하게 크다고 하였다.

북극해의 얼음

21세기 초반에 접어든 작금, 여름철 북극해의 얼음이 급격하게 감소하여 10년 사이에 8퍼센트 이상의 속도로 감소하는 추세를 보이고 있다.

원래 북극해의 얼음은 남극 대륙의 빙상(氷床)에 비하여 훨씬 양이 적고 기온도 높기 때문에 기후의 영향을 받기 쉬운 것이 특징이다. 그러나 북극해는 여러 가지 의미에서 '심해에 이르는 문'이기도 하므로 북극해에서 어떠한 일이 일어나는지가 우리의 관심일 수밖에 없다.

지구 온난화의 영향으로 유라시아 대륙과 북미 대륙의 빙하가 녹아 많은 담수(淡水)가 북극해로 흘러들면 북극해의 담수가 넘쳐 그린랜드 난바다의 염분 농도가 떨어지게 된다. 이렇게 되면 그곳 해수의 침강(沈降)이 일어나기 어려워지므로 해류의 대순환이 정체하여 북반구가 한랭화된다. 이것이 약 1만 2천년 전에 실제로 일어났던 한랭화의 시나리오라고 생각된다.

지난 몇 해 사이, 여름철 북극해의 얼음이 10년 사이에 8퍼센트 이상의 속도로 격감했다. 북극해에서 그 후 어떤 이변이 일어났는가?

● 약 1만 2천년 전의 영거 드라이아스 사건(Younger Dryas Event)의 재현?

➡ 한랭화의 시나리오

① 지구온난화
② 빙하가 녹아 북극해에 담수가 대량 유입
③ 그린란드 난바다의 염분농도 저하
④ 해수의 침강 저하
⑤ 심층 순환의 정체
⑥ 북반구의 한랭화

그러나 북극해 관측에서는 대서양 쪽의
북극해 표층 염분 농도가 높아졌다

↓ 사실은…(빙하로부터의 담수가 원인이 아니다)

염분 농도가 상승하여 얼음이 얼기 어려운
바다가 되어가고 있기 때문에 얼음이 줄었다?

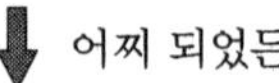

북극해의 얼음은 계속 녹는다

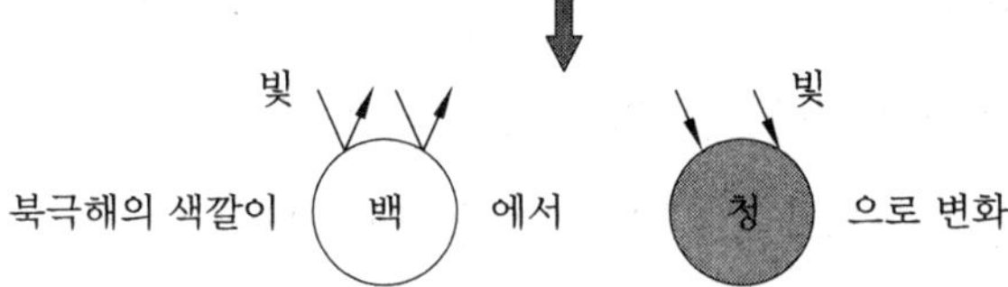

북극해의 얼음이 더 녹는다

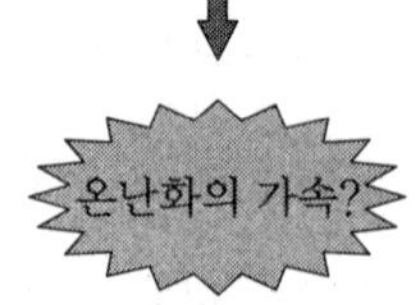

바다의 얼음과 기후 변동

그러나 어쩌면 현재의 북극해에서는 이와는 다른 현상이 일어나고 있는지도 모른다. 앞에 설명한 시나리오에서는 북극해의 염분 농도가 당연히 떨어지는 것으로 예상되지만 오히려 대서양쪽 북극해 표층의 염분 농도가 높아진 것이 관측 결과 확인되었다.

만약 염분 농도가 상승한 것이 사실이라고 한다면 북극해의 얼음은 수온 상승으로 인하여 녹은 것이 아니라 염분이 너무 강하여 응고점이 떨어져 얼음이 얼기 어려운 바다로 변하고 있는 것이 아닌가 하는 견해도 있다.

이유는 어느 쪽이 되었든, 북극해의 얼음이 감소하는 것은 곧바로 지구의 온난화를 가속시킨다. 바다 얼음이 한번 녹기 시작하면 태양광의 반사율이 떨어져 더욱 가속도적으로 녹게 된다. 왜냐하면 바다 얼음은 색깔이 희기 때문에 태양광을 잘 반사하지만 바닷물은 검푸르기 때문에 태양광을 흡수하므로 지구로 들어오는 열의 양이 늘어나기 때문이다.

이산화탄소의 흡수와 방출

2007년에 발표된 IPCC*의 '제4차 평가 보고서'는 현재 일어나고 있는 지구온난화는 이산화탄소(CO_2) 등, 인위적 기원의 온실효과 가스의

*IPCC(Intergovernmental Panel on Climate Change ; 기후 변동에 관한 정부간 패널) : 세계의 전문가에 의한 학술적 식견을 모아 지구온난화 현상에 관하여 정리 · 평가하는 기구, 몇 해 간격으로 평가보고서(AR)를 발행하고 있으며 2007년에는 노벨 평화상을 수상하였다.

증가가 원인일 가능성이 높다는 결론을 내렸다.

장차 온난화가 어떻게 진행될 것인가를 정확하게 알기 위해서는 이산화탄소가 지구상에 어떻게 분포되고, 어떻게 확산될 것인가를 아는 것이 기본적인 정보로서 불가결하다.

이산화탄소는 물에 잘 녹는 성질이 있고, 바다는 대기 중에 존재하는 이산화탄소의 약 60배나 되는 양을 축적할 수 있다.

바다에 흡수된 이산화탄소가 어떻게 순환하고 어떠한 조건 아래서 대기에 방출되는가를 자세하게 알 필요가 있으므로 현재 관측과 연구가 진행되고 있다.

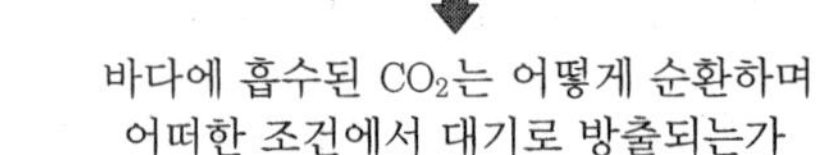

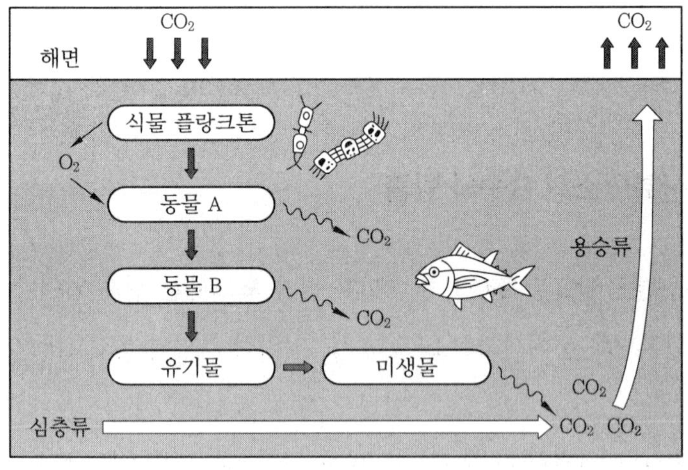

생물 지구화학 사이클

이산화탄소를 바다에 흡수시키는 데 큰 작용을 하는 것이 '생물 지구화학 사이클'이다.

규조(diatom)라는 식물 플랑크톤이 광합성을 할 때 이산화탄소를 체내에 흡수하여 유기물을 만든다. 그러면 해수 중의 이산화탄소가 감소한 만큼 바다는 대기로부터 새로운 이산화탄소를 흡수한다.

유기물로 흡수된 이산화탄소는 다른 생물의 먹이가 되거나 분(proboscis)이 되거나 하면서 해저로 쌓인다. 이것을 일러 '생물 펌프'라고 한다.

조류(藻類)와 동물 플랑크톤, 박테리아 등의 호흡에 의해서 유기물의 일부는 이산화탄소로 환원되고(나머지 유기물은 해저에 퇴적) 해수에 용해된 그대로 심층류와 함께 심해를 이동한다. 따라서 심층류는 이산화탄소를 많이 함유하게 된다.

이윽고, 심층류는 용승역(湧昇域)에서 솟아올라, 과잉 이산화탄소가 바다의 표층을 통하여 대기로 방출된다.

바다의 산성화

바다 표면에서는 이산화탄소가 바닷물에 용해되거나 대기에 방출되는 활동을 고속으로 되풀이하고 있다. 그 때문에 대기와 바다의 이산화탄소의 압력(분압)은 항상 '평형 상태'를 유지하고 있다.

그러므로 만약 대기 중의 이산화탄소 양이 증가하면 그에 부응해서 과잉분의 이산화탄소는 바다에 흡수되어, 바닷물의 이산화탄소 농도도 높아진다.

이산화탄소는 일반적으로 물에 녹으면 수소이온(H^+)을 방출하는 약산(약한 산)이 된다. 이때 수소이온을 1개 잃어버리면 중탄산이온(HCO_3)이 발생하고, 2개를 잃으면 탄산이온(CO_3^{2-})이 발생한다.

따라서 현재의 바다는 pH 8 정도이지만 이산화탄소가 증가하면 이 값이 약간 떨어진다. 지구온난화가 지금의 속도로 진행되면 21세기 중에 pH가 평균 0.3 정도 저하할 것으로 예상되고 있다. 바닷물의 알칼리성이 약화되므로 이를 '바다의 산성화'라고 한다.

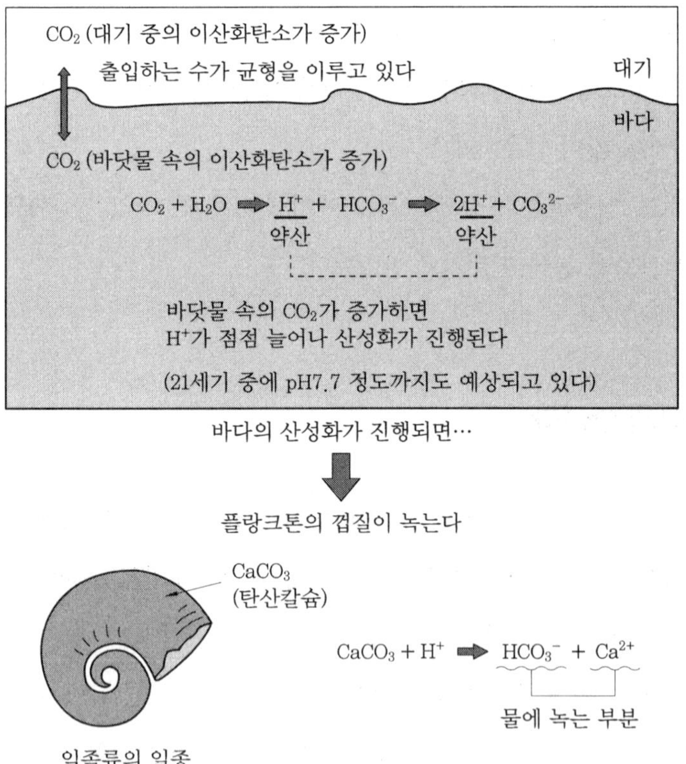

이와 같은 전제 아래에서 볼 때, 우리는 난처한 문제에 부딪히게 될 것으로 예상된다. 지구온난화와 더불어 바닷물이 산성화된다면 생물에 대한 영향이 크게 걱정되기 때문이다.

전문가들의 연구에 의하면 약 60년 후에는 남극해에 사는 플랑크톤의 탄산칼슘으로 형성된 껍질이 바닷물 중의 수소이온, 탄산이온과 반응하여 녹기 시작하고, 이어서 북태평양 아한대역(亞寒帶域)에서도 마찬가지 영향이 나타날 것으로 예상되고 있다.

특히 산호와 익족류(翼足類 ; 동물 플랑크톤의 일종)의 껍질성분이 녹기 쉽고, 이어서 원석조(圓石藻 ; 식물 플랑크톤의 일종)와 유공충(有孔蟲 ; 동물 플랑크톤의 일종)의 껍질에 영향이 미칠 것으로 예상되고 있다.

엘니뇨(El Niño) 현상

'엘니뇨 현상'이란, 몇 해 걸러 태평양의 적도 부근의 광범위한 지역에 걸쳐 해면 수온이 수℃ 상승하는 현상을 이른다. 수온의 상승폭은 대략 1~2℃이지만 1997~1998년에 걸쳐 발생한 20세기 최대 규모의 엘니뇨에서는 최대 5℃나 수온이 상승했었다.

엘니뇨 현상으로 태평양 전역(全域)의 해면 수온 분포가 변화하고, 그것이 기압 배치에 영향을 미치기 때문에 세계 각지에서 온갖 기상이변이 나타난다. 유럽 남부에서 여름철에 큰 비가 내려 하천이 범람하기도 하고, 오스트레일리아와 아프리카에는 비가 내리지 않아 가뭄이 든다. 우리나라도 엘니뇨 현상이 발생한 해에는 냉하(冷夏) · 난동(暖冬)의 경향이 몇 차례 있었다.

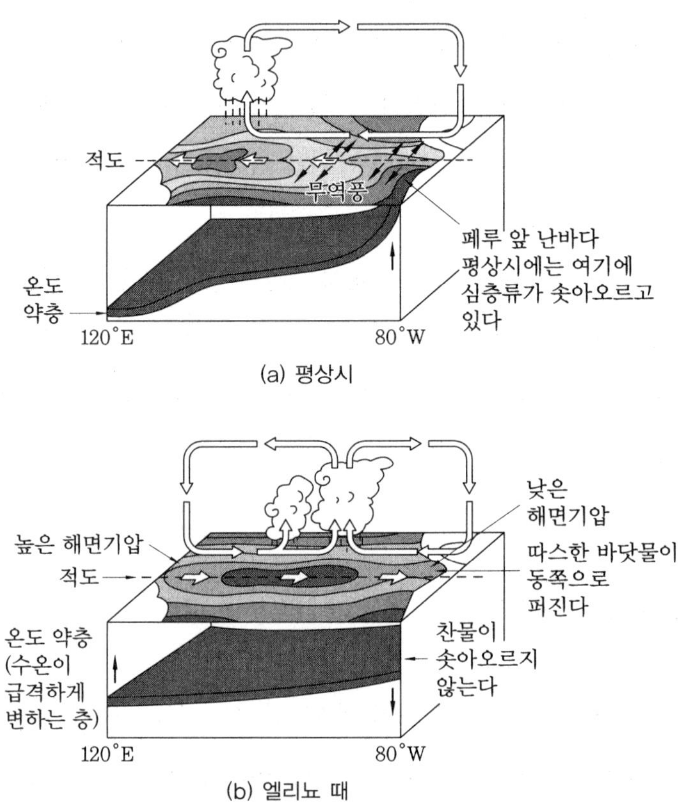

(a) 평상시

(b) 엘리뇨 때

엘리뇨 현상이 일어나는 요인

엘니뇨 현상은 왜 일어나는 것일까? 여기에는 지구 규모의 바다와 대기의 상호작용과 관계가 있다. 더욱이 해면만의 현상은 아니고 해양 내부의 커다란 변화도 수반되고 있다.

적도상의 태평양 바닷물은 강한 빛을 받고 데워져 30℃ 가까이에 이른다. 보통 그 바닷물은 적도의 동쪽에서 서쪽으로 부는 무역풍*에 의해 서쪽으로 밀려나게 된다. 따라서 서태평양 적도 부근에는 따스한 물이 두께 150미터나 되는 '온수 풀'이 형성된다.

한편, 동태평양의 적도 부근에서는 심해에서 찬 바닷물이 솟아오르는 용승역(湧昇域)을 이루고 있다. 그러므로 페루 앞 난바다는 좋은 어장으로 소문나 있다.

하지만 엘니뇨 현상이 발생하면 동풍이 약화되고 서부에 축적되어 있던 따스한 물이 동쪽으로 확장되어, 그에 따라서 동부에서는 차가운 물의 솟아오름이 약화된다.

어찌하여 동풍은 약화되는가, 사실 그 원인은 아직 밝혀지지 않고 있다. 지구온난화로 엘니뇨 현상에 어떠한 변화가 나타나는가 하는 것도 확실하게는 규명되지 못하고 있다.

라니냐(La Niña-) 현상

엘니뇨 현상과는 대조적인 현상으로 라니냐 현상이 있다. 엘니뇨 현상과는 반대로 따스한 바닷물이 평상 때보다 서쪽으로 이동하여 동태

***무역풍과 편서풍** : 편서풍은 남북 두 반구의 중위도 지방 상층을 1년 내내 부는 서풍이고, 무역풍은 중위도에서 열대를 향하여 1년 중 부는 바람. 북반구에서는 북동, 남반구에서는 남동 방향에서 분다.

평양 적도 부근에서 해면 수온이 떨어지는 현상인데, 이 현상도 몇 해에 한 번씩 발생한다.

라니냐 현상이 발생할 때에는 동풍이 강해지고 태평양 적도역 서쪽에 따스한 물층이 두터워지는 한편, 동쪽에서는 찬물의 용승이 강해져 해면 수온이 평상시보다 낮아진다. 이 결과 동서의 해면 수온차가 평상시보다 커진다. 또, 인도네시아 근해 해상에서는 소나기구름(cumulonimbus)이 많이 발생한다.

라니냐 현상 때는 평상시의 태평양 적도역의 해면 수온 패턴(서쪽이 따스하고 동쪽이 찬)이 강화된 상태이다. 이 때문에 엘니뇨 현상이 발생한 때와는 달리 평상시와의 기압배치 변화가 작으므로 세계 각지에 기상이변으로 미치는 영향이 엘니뇨에 비해 적은 편이다.

남태평양 열대역의 해면 기압에 관해서는 옛날부터 재미있는 성질이 알려져 있다. 그것은 ㈎ 태평양 동부의 해면 기압이 높은 때에는 인도네시아 부근 해면의 기압이 낮고, ㈏ 태평양 동부에서 낮을 때는 인도네시아 부근에서 높다는 시소와 같은 변동이 있다는 것이다. 이 관계를 남방진동*이라 한다.

***남방진동** : 해면 기압이 태평양 동부에서 높을 때 → 인도네시아 부근에서 낮고, 해면 기압이 태평양 동부에서 낮을 때 → 인도네시아 부근에서 높다는 시소와 같은 관계. 엘니뇨/라니냐 현상과 동일한 현상을 나타내고 있다.

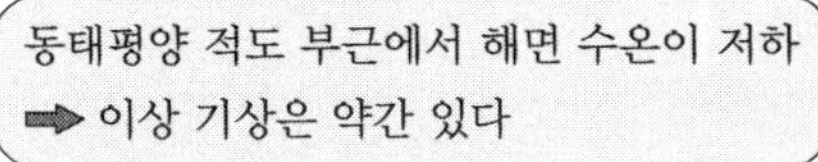

● 라니냐 때

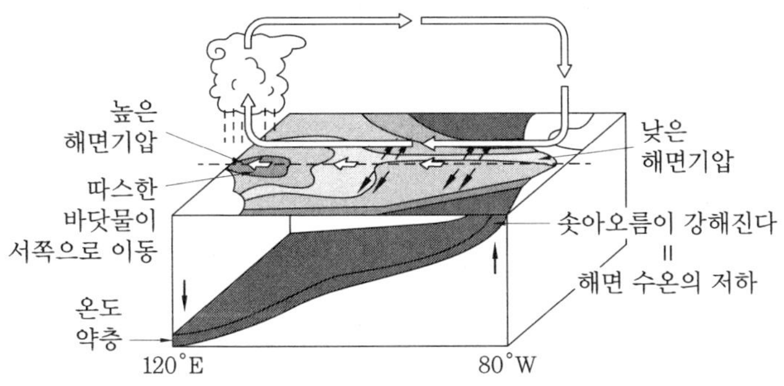

● 평소 때

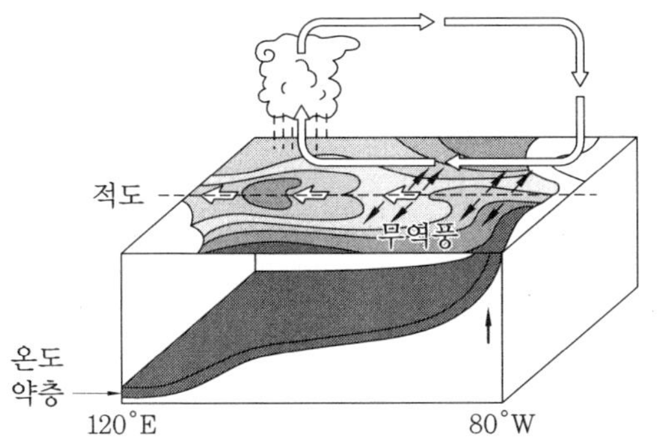

라니야 현상이 일어나는 원인

남방진동에 따른 기압의 변화는 앞에서 기술한 ㈎가 라니냐 현상, ㈏가 엘니뇨 현상 발생 시에 대응하고 있다. 오늘날에는 남방진동과 엘니뇨/라니냐 현상은 태평양 적도에서 대기와 해양이 밀접하게 결부되어 하나의 시스템 변동이 다른 형태로 나타나는 현상으로 이해되고 있다.

수온의 상승

지구온난화가 계속되면 바닷물의 온도 상승으로 해양생물에도 크게 영향을 미치게 된다.

우선 우려되는 것이 산호의 백화(白化) 현상이다. 산호초를 만드는 조초(造礁)산호는 갈충조(褐蟲藻)라는 조류를 체내에 공생시키고 있다. 어떠한 원인으로 산호가 갈충조를 방출하면 산호 골격의 흰 골격의 색깔이 두드러진다. 이 '백화' 상태가 오래 지속되면 산호는 살지 못하고 죽게 된다.

산호가 죽으면 산호초의 영양에 의존하여 사는 풍요로운 생태계도 파괴되는 것은 물론이다. 백화 현상의 큰 요인은 수온의 상승이기 때문에 지구의 온난화로 인한 수온 상승은 산호의 백화 현상에 박차를 가하게 될 것이다.

그러나 이 산호의 백화 현상보다 더 심각한, 해양 전체의 생태계에 커다란 피해를 줄 우려가 있는 문제가 있다. 그것은 바로 플랑크톤의 변동이다.

어떤 연구에 의하면, 지구온난화로 인한 수온의 상승으로 본래는 온난한 해역에서 따스한 시기에 출현하는 식물 플랑크톤의 분포역이 위도가 높은 쪽으로 이동하고, 계절적으로도 일찍 발생하는 경향이 나타나는 것으로 의심된다는 것이다.

바다는 이산화탄소의 흡수원으로 알려져 있지만 그것은 광합성으로 이산화탄소를 흡수한 식물 플랑크톤을 동물 플랑크톤 등이 포식하고 효율적으로 심해로 운반함으로써 실현된다.

즉, 만약 식물 플랑크톤과 동물 플랑크톤의 분포가 계절적으로 사이클이 맞지 않게 된다면 생물 펌프가 가동하지 못하게 된다.

또 계절적인 패턴으로 회유하는 어류에게 있어서도 식물 플랑크톤으로 이어지는 바다의 식물 연쇄가 급격히 변동하게 되면 생존을 위협할 가능성이 있어, 바다에 사는 생물에게 영향이 미칠 것으로 우려된다.

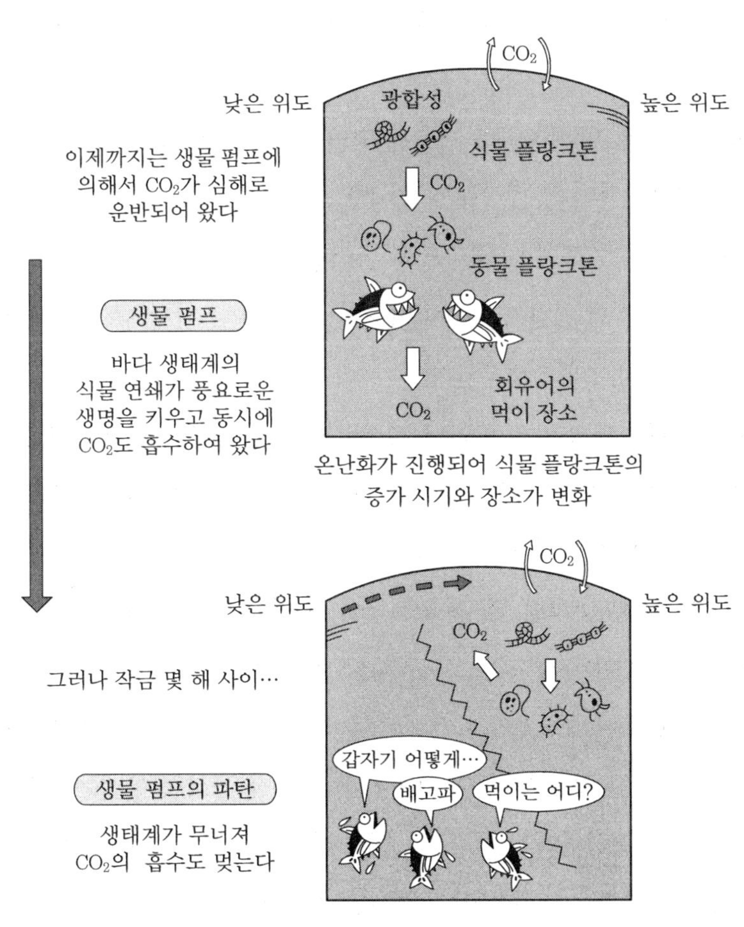

생물의 펌프가 가동을 멎게 될 때 일어나는 변화

기후 변동과 심해

연안에 거주하는 사람들은 체험하였을 것이지만 바다는 육지보다 데워지거나 식는 것이 급변하지 않고 느리게 변화하기 때문에 날씨를 온화하게 한다. 또 바닷물이 증발하여 수증기가 되고, 이 수증기가 대기로 이동하여 비나 눈이 되어 육지나 바다에 내리면 물의 이동도 일어나게 된다.

결국 대기와 육지와 바다 사이에서 일어나는 열과 물의 복잡한 상호작용이 지구의 기후를 빚어내는 것이다.

그럼 바다가 기후에 미치는 영향은 어떻게 생각해야 하겠는가? 그것은 기상과 기후의 시간적 스케일의 차이에 의해서, 바닷속에서 관계되는 수심에 따라서라고 생각된다.

우선 하루하루의 날씨 변화나 계절적 변동 같은 짧은 스케일의 현상은 '혼합층'이라고 하는, 표층~수심 약 400미터 정도까지의 얕은 부분의 바닷물 온도 변화와 관계가 있다.

또 '엘니뇨 현상'처럼 몇 년에서 몇십 년 간격을 갖는 기후변동은 수심 400~1,000미터 정도의 '온도약층'에서 위쪽 부분과 관계가 있다.

그리고 100~1,000년의 시간 간격을 갖는 기후 변동 혹은 이보다 더 긴 시간 간격을 갖는 빙하기-간빙기 사이클 같은 현상에서는 이보다 깊은 수심이 관련되며, 특히 '심층 대순환'이 큰 역할을 하는 것으로 생각된다. 즉, 표층은 영향을 받기 쉽지만 회복도 빠른 것이 특징이다. 반면, 일단 변화하면 장기적인 기후 변동에 기여하는 것이 심해이다.

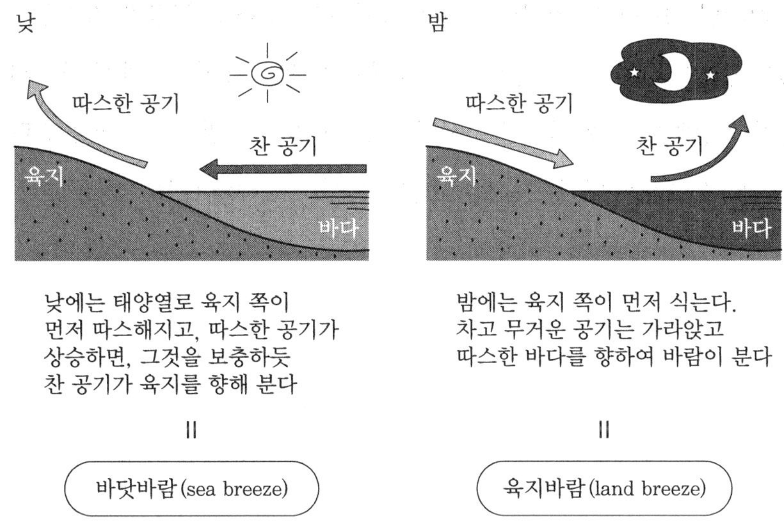

여름철 대낮에도 해변은 선선한 원인

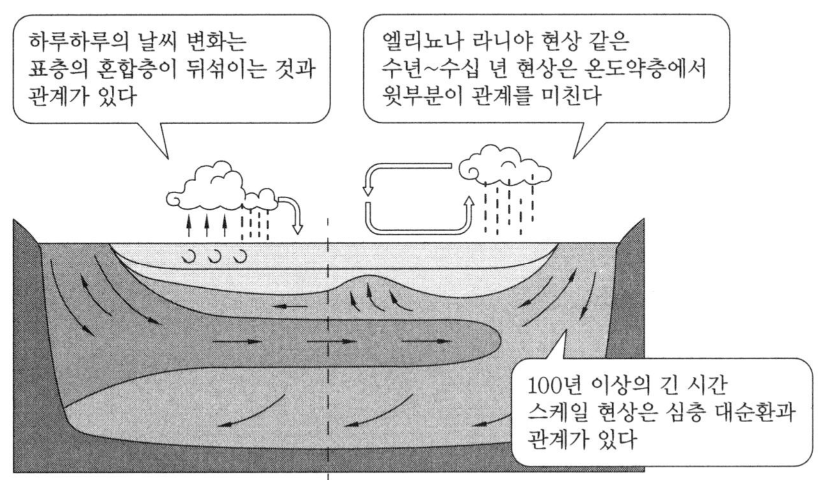

기상과 기후의 시간적 차이는 수심의 차이와 관계가 있다

하지만 표층에서 일어난 이변을 신속하게 심해로 전달할 가능성이 있는 장소가 있다. 그것은 바로 북극해이다. 북극해 가까이에서 표층의 물이 침강하여 심층 대순환이 시작된다. 그 침강이 변화하면 심해에 다이렉트로 영향을 미칠 가능성이 있다. 북해는 심해의 대문인 셈이다.

4장

바닷속의 물질 교대

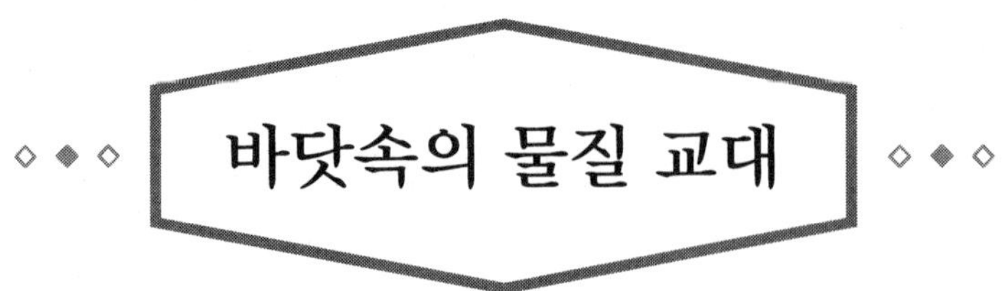

바닷속의 물질 교대

생물을 위한 에너지

지구상의 거의 모든 생명 활동의 원천은 태양광이다. 태양광은 전자기(電磁氣) 에너지이므로 생물의 에너지로 직접 이용하는 것은 불가능하다. 모든 생물이 생명 활동을 위해 사용하고 있는 에너지는 '화학에너지'이다. 육상과 마찬가지로 바닷속에서도 태양에너지를 화학에너지로 변환할 수 있는 생물은 식물뿐이다.

식물의 광합성 작용에 의해서, 화학에너지를 보존하는 최초의 물질로 만들어지는 화합물은 아데노신 삼인산(ATP)과 니코틴아미드 아데닌 디뉴클레오티드인산($NADPH_2$)이라는 물질이다. 이들 화합물은 식물뿐만 아니라 모든 생물이 생명 활동을 영위하기 위해서는 필수적인 물질이다. 생화학 반응에 있어서 ATP는 에너지 전달에, $NADPH_2$는 산화 환원에 관여하고 있다.

그러나 이것들은 만들어져도 곧 분해되기 때문에 ATP나 $NADPH_2$의 형태로 축적된 에너지는 장기 보존하여 둘 수가 없다. 이 때문에 식물은 곧바로 이들 불안정한 화합물을 사용하여 생물이 필요로 할 때 에너지원으로 쓸 수 있는 유기물로 다시 만들어 몸 안에 에너지를 축적한다.

보상 심도

태양광의 에너지는 바닷속으로 들어가면 흡수되거나 산란되고 수심이 깊어짐에 따라 급속하게 쇠약해진다. 태양광의 에너지가 쇠약하면 식물이 화학에너지를 만들기 위해 필요한 에너지도 쇠약하게 되므로 광합성 활동이 떨어진다.

태양광 에너지가 바다 표면의 1퍼센트가 되는 깊이에서 식물이 화학에너지를 만드는 속도(광합성 속도)와 화학에너지를 소비하는 속도(호흡 속도)가 같아진다.

따라서 바다 식물은 이보다 얕은 바닷속에서는 자신들에게 필요한 화학에너지보다 많은 양을 만들고 있는 셈이 되지만, 이보다 깊은 바닷속에서는 자신들이 필요로 하는 최저의 화학에너지 양마저도 만들지 못한다. 이 깊이를 '보상 심도'라고 하며, 물이 탁한 연안의 바다에서는 수 미터 정도, 물이 맑은 열대의 바다에서도 150미터 정도이다.

전 세계의 바닷물 평균 깊이는 약 3,800미터이므로 보상 심도는 바다의 표면에 있는, 말하자면 '막' 같은 장소이다. 여기서 식물에 의해서 화학에너지가 만들어진다.

식물 연쇄

최초 식물의 몸 안에 유기물 형태로 축적된 화학에너지는 바닷속에 살고 있는 온갖 생물 사이에서 볼 수 있는 '먹고 먹히는 관계'에 의해서 분배되며, 우리는 이 관계를 '식물 연쇄'라고 한다.

식물 연쇄에는 살아 있는 생물을 직접 먹는 과정이 이어져 이루어지는 '생식 연쇄'와 사체(死體) 등 살아 있지 않은 유기물을 먹는 과정이 이어져 이루어지는 '부식 연쇄'가 있다.

실제로 바닷속에서는 '먹고 먹히는 관계'가 특정한 생물끼리 단순한 '사슬 상태'로 연결되어 있는 것은 아니다. 예를 들면, 남빙양의 크릴을 먹고 있는 생물은 고대뿐만은 아니다. 여러 종류의 소형 어류와 오징어류 외에도 펭귄 등이 활발하게 이 크릴을 먹고 있다.

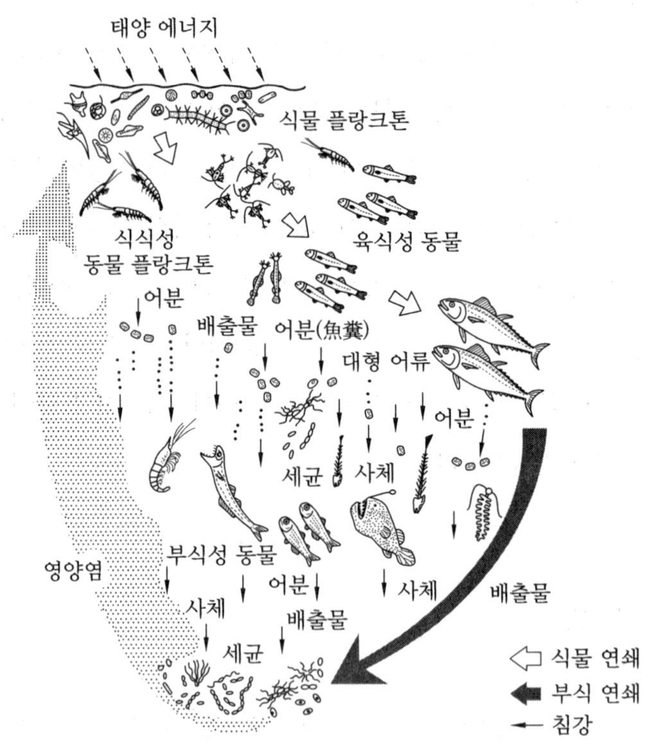

바닷속의 물질 교대

이처럼 식물연쇄 관계는 복수의 생물 간에 복잡한 '그물코 모양'으로 얽혀 있다. 따라서 이 관계는 '식물망'이라 지칭될 정도이다. 실제로 바닷속에 살고 있는 헤아릴 수 없을 만큼 많은 종류의 생물을 하나하나 결부시켜 바닷속의 식물망을 통한 물질과 에너지의 동태를 밝히는 것은 너무 복잡해 곤란하다. 그래서 바닷속에 살고 있는 모든 생물을 '물질 교대'의 역할 측면에서 몇 단계 그룹으로 나누어 고찰하여 보기로 하자.

생산자와 소비자

우선, 무기물로부터 유기물을 만들어 에너지를 축적하는 생물그룹이 있다. 이를 '생산자'라 한다. 바닷속의 중요한 생산자는 식물 플랑크톤이다. 식물 플랑크톤은 현미경을 통하여 겨우 볼 수 있을 정도로 작은 식물이며, 물에 떠 생활하고 있다.

다음은 이 생산자를 직접 잡아먹는 그룹을 '제1차 소비자'라 한다. 바닷속의 중요한 제1차 소비자는 '식식성(植食性) 플랑크톤'이다. 식식성이란, 살아 있는 식물을 먹는다는 뜻이다.

제1차 소비자를 잡아먹는 그룹을 '제2차 소비자'라 한다. 정어리와 청어 등의 소형 육식성 동물이 이 그룹의 멤버로, 살아 있는 식물성 동물 플랑크톤을 먹는다.

제2차 소비자를 잡아먹는 그룹이 '제3차 소비자'이다. 참치와 연어 등, 대형 육식동물이 이 그룹의 주요 멤버이다.

이와 같이 식물 연쇄를 통한 물질의 유통으로 생물을 그룹으로 나누어 형성되는 단계를 '영양단계'라고 한다. 그리고 물질과 에너지는 '먹고 먹히는 관계'에 의해서 영양단계를 한 단계 거칠 때마다 소비된다.

생산의 피라미드

바닷속의 식물 연쇄에서는 먹힌 생물의 약 10퍼센트에 상당하는 유기물만이 먹는 생물의 몸에 보탬이 되고, 나머지 90퍼센트는 먹이를 잡거나 소화하기 위해 필요한 에너지 또는 어분으로 되어 배출된다.

따라서 참치와 같은 큰 고기가 1이라는 양만큼 존재하기 위해서는 정어리 따위의 작은 육식성 동물을 10만큼 먹이로 공급되어야 한다.

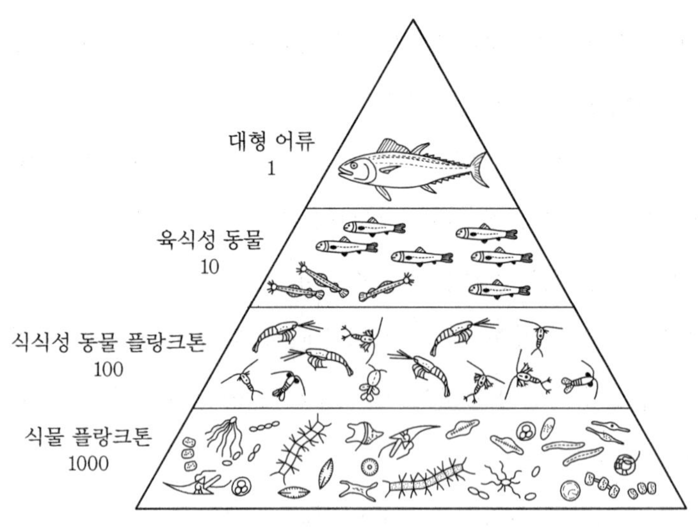

해양 생물의 피라미드

또 이러한 작은 육식성 동물을 10만큼 공급하기 위해서는 그 먹이가 되는 식식성 동물 플랑크톤은 그 10배의 양, 즉 100이나 필요하다. 식식성 플랑크톤의 먹이가 되는 식물 플랑크톤은 다시 그 10배에 해당하는 1,000이라는 양이 필요한 셈이다.

이처럼 식물의 양을 저변으로, 또 대형어의 양을 정점으로 생물에 의한 유기물 생산의 구도를 그림으로 표시하면 피라미드 모양이 되므로 이를 '생산 피라미드'라고 한다.

생물의 밀도

한편 바다에는 평균 체중이 불과 10^{-13}그램에 불과한 세균에서부터 10^{8}그램에 이르는 거대한 체중의 흰수염고래까지 살고 있다. 또 생물은 종류에 따라 체형도 다양하다. 이처럼 체형도 크게 다른 여러 종류의 생물을 하나로 묶어 '먹고 먹히는' 양적인 관계를 비교하는 것은 적절하지 않다.

그래서 모든 생물을 각자의 체적과 같은 크기의 볼로 바꾸어 크기를 비교하면 간단한 체형의 생물에서부터 복잡한 체형의 생물까지, 작은 생물에서부터 큰 생물까지, 양적인 관계를 정확하게 조사할 수 있다. 이 방법을 이용하면 바다에 사는 모든 생물은 매우 작은 세균에서부터 거대한 고래에 이르기까지 지름 0.1미크론에서 10^{7}미크론의 볼로 나타낼 수 있는 범위에 있다.

이번에는 열대 바다와 남빙양에서 생물들이 실제로 바닷속에 살고 있는 밀도를 보자. 아래 그림에서 실선으로 표시한 바와 같이, 양쪽 바다에서 실제로 조사된 각 생물의 밀도는 세균이나 식물 플랑크톤 같은 미생물이 가장 높고, 동물 플랑크톤, 마이크로넥톤(micronekton), 참치, 고래 등, 생물의 지름이 큰 것일수록 낮은 편이다.

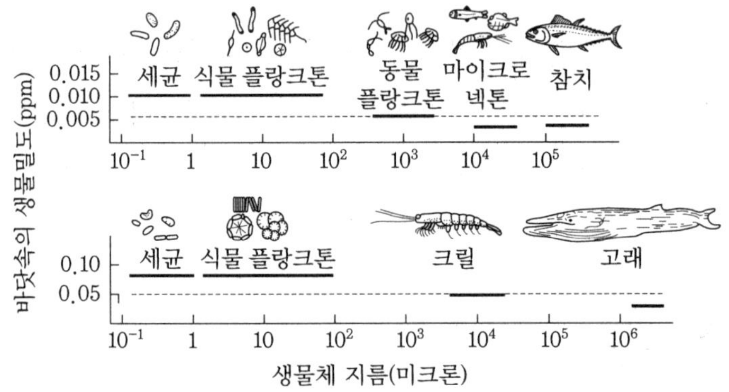

열대 바다(위)와 남빙양(아래)에서의 바닷속 생물의 밀도

하지만 이 그림에 표시되어 있는 미생물의 밀도는 살아 있는 것과 죽은 것을 합쳐서 나타낸 것이고, 살아 있는 것만을 조사한다면 아마도 이 절반의 양밖에 되지 않을 것으로 추정된다.

한편, 큰 생물일수록 밀도를 조사할 때 채집기구에 잡히지 않고 달아나는 경우가 많으므로 실제로 바닷속에 살고 있는 대형 생물의 밀도는 조사에서 파악한 수치보다 높다. 이와 같은 사정들을 종합하여, 실제로 살고 있는 각종 생물의 분포를 정확하게 구한다면 그림에서 점선으로 표시한 관계를 얻을 수 있다.

이 관계로부터 알 수 있듯이, 생물이 유기물을 많이 만들고 있는 남빙양과 조금밖에 만들지 않는 열대 바다에서는 같은 크기의 생물 밀도가 10배나 차이가 난다. 이처럼 해역이 다르면 거기에 살고 있는 생물의 밀도도 다르게 된다. 하지만 열대 바다에서나 극양(極洋)에서나 여러 가지 크기의 생물 밀도는 다소간의 차이는 있겠지만 각각의 바다에서는 거의 같다.

늘어나는 속도

저마다의 크기를 갖는 생물의 밀도가 거의 같다고 한다면 어떻게 하여 '생산의 피라미드'가 유지된다는 말인가?

이미 기술한 바와 같이, 작은 생물이 큰 생물에게 먹히는 '먹고 먹히는 관계'를 거치는 단계마다 약 10퍼센트의 생산량만이 다음 영양단계의 생산량이 된다. 만약 먹이가 되는 생물이나 그것을 먹는 생물이 거의 같은 속도로 증가를 이어간다면 먹이가 되는 생물은 그것을 먹는 생물의 10배 속도로 늘어나야만 할 것이다.

이 관계를 확인하기 위해 생물이 늘어나는 속도를 실제로 계측하여 보면, 예상대로였다. 즉, 대형 어류의 먹이가 되는 소형 육식성 동물의 증가 속도는 대형 어류의 10배, 소형 육식성 동물의 먹이가 되는 식식성(植食性) 동물 플랑크톤의 증가 속도는 소형 육식성 동물의 10배, 식식성 동물 플랑크톤의 먹이가 되는 식물 플랑크톤이 늘어나는 속도는 식식성 동물 플랑크톤의 10배였다.

따라서 먹이가 되는 생물은 자신을 잡아먹는 생물을 위해 10배로 노력하여 물질과 에너지를 만들어내고 있다고 볼 수 있다.

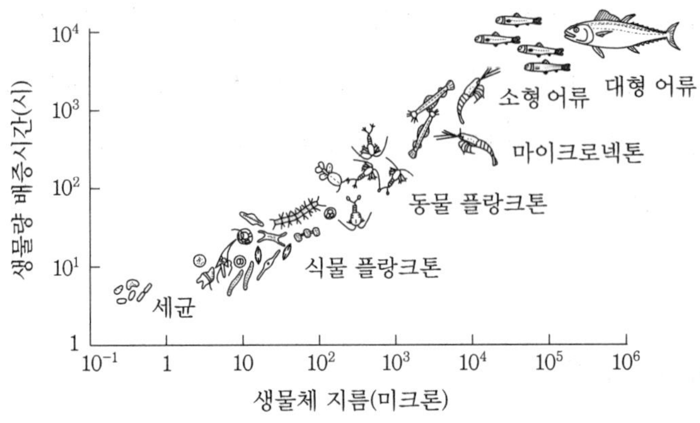

바다의 생물이 늘어나는 속도

생식 연쇄의 수직관계

식물의 광합성이 활발하게 이루어지고 있는 얕은 바다에서는 식물 플랑크톤에서 비롯되는 생식 연쇄가 연쇄의 주된 부분을 차지하고 있음이 확실하다. 그러나 '생산층'으로도 지칭되는 이 바다 표면에서까지 어떤 생물의 증가 속도가 먹이가 되는 생물의 증가 속도보다 빠른 사례가 있다. 이와 같은 시기에는 이 생물은 살아 있는 생물을 먹을 뿐만 아니라 죽은 유기물까지도 먹는다. 죽은 유기물이란, 생물의 사체와 분립(糞粒) 등을 말한다.

이에 비하여, 보상 심도보다 깊은 바다에서는 이와 같은 식물 연쇄, 즉 부식연대가 어떠한 시기에 있어서나 항상 물질 교대를 위해 중요한 연관성을 가지고 있다.

물론 깊은 바다에 있어서도 생식 연쇄가 없는 것은 아니다. 바다 표면에서 깊은 해저까지 다양한 수직 이동의 폭을 갖는 식식성 동물 플랑크톤이 살고 있다. 이 중에서 바다 표면에서 활발하게 식물 플랑크톤을 먹는 것은 바다 표면 부근에서만 상하로 이동한다. 이러한 식식성 동물 플랑크톤이 주간에 보다 깊은 장소로 이동하여 오는 것을 기다렸다가 잡아먹는 육식성 동물 플랑크톤도 있다. 이것들은 식식성 동물 플랑크톤보다 깊은 곳을 아래위로 이동하고 있다.

이와 같이 생식 연쇄를 통하여 아래위로 이동하는 깊이와 너비가 각각 다른 동물이 서로 이동하는 범위의 고리를 수직적으로 연결함으로써 바다 표면에서 만들어지는 유기물을 어떤 깊이의 해저까지도 옮겨 갈 수 있다.

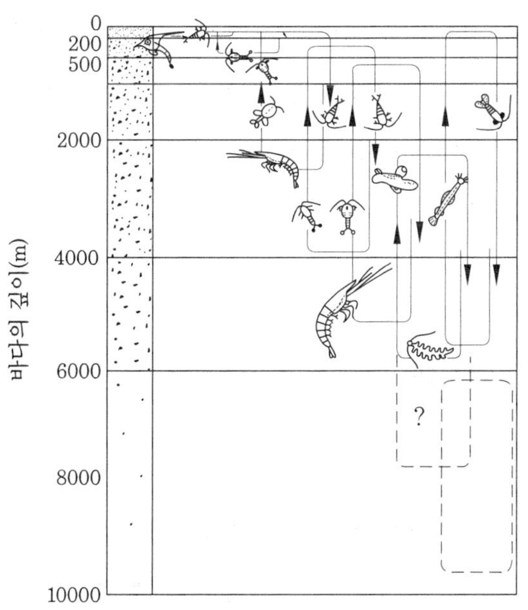

동물 플랑크톤의 수직 이동
(왼쪽의 점들은 동물 플랑크톤의 밀도를 나타내고 있다)

해저에 서식하는 동물

그러나 양적으로는 이 생식 연쇄보다 부식 연쇄 쪽이 깊은 바다의 식물 연쇄를 위해 주요한 활동을 하고 있다.

생물의 사체나 어분은 상당히 빠른 속도로 깊은 해저로 낙하한다. 그리고 깊은 바다에 사는 대부분의 생물은 낙하되어 오는 사체와 어분들을 받아먹는 '부식성'이다. 이러한 경향의 식성을 바닷속을 유영하면서 살고 있는 생물에서만 볼 수 있는 것은 아니다. 해저에 살고 있는 '저생동물', 즉 해저에 사는 동물에서도 마찬가지 경향을 볼 수 있다.

얕은 바다에서는 저생동물의 식성이 식식성, 육식성, 부식성 혹은 진흙을 먹는 니식성(泥食性)으로 다종다양하다. 하지만 해저가 깊어짐에 따라 식식성과 육식성의 저생동물은 감소하고, 1만 미터 정도의 해저 부근에서는 아예 모습을 찾아볼 수 없다. 대신에 저생동물 중에 니식성 동물의 비율이 크다.

녹아 있는 유기물

깊은 암흑의 바다에서, 생물에게 물질과 에너지를 분해하는 데 있어서 부식성 연쇄가 중요한 것은 또 하나의 이유가 있다.

바닷속의 유기물은 대부분이 바닷물에 용해되어 있다. 용해되지 않은 입자상(粒子狀)의 유기물 양은 전체 유기물의 불과 10분의 1 정도이다. 게다가 그 10분의 1마저도 대부분이 데트리터스(detritus)라고 하는 '살아있지 않은 유기물'이다. 그리고 살아 있는 생물로서의 유기물은 바닷물 속에 있는 유기물 전체의 불과 몇 퍼센트에 불과하다.

따라서 바닷물에 용해되어 있는 대량의 유기물을 부식 연쇄에 공급한다면 생물의 양을 쉽게 증가시킬 수 있을 것이다. 하지만 유기물이 다량으로 용해되어 있다고는 하지만 그 농도가 고작 1PPM 이하로 낮으므로 보통 동물이 에너지를 얻기 위해 이용하기에는 농도가 너무나 낮다.

극히 한정된 세균 종류의 중에서 영양을 섭취하는 데 있어서 특별한 능력을 가지고 있는 것만이 이를 이용할 수 있다. 세균은 바닷물에 용해되어 있는 유기물을 활용하여 항상 거의 일정한 속도로 늘어나고 있으므로 이 세균을 먹고 생활하는 동물에게 있어서 안정된 식료 공급원이 된다.

그리고 이들 세균은 증가하는 속도와 같은 속도로 소형 동물에게 잡아먹히므로 바닷속에서의 밀도가 식물 플랑크톤과 거의 같은 정도로 유지된다.

세균을 먹는 소형 동물

세균은 용해된 유기물을 이용하여 증가할 뿐만 아니라 생물의 사체와 그 파편, 분립 등의 생물 배설물, 기타 데트리터스의 내부와 표면에도 다수 살고 있다. 이와 같은 입자상의 유기물 내부나 표면에서 세균이 증가하는 속도는 영양 상태가 좋은 측면도 있어, 바닷물에 용해되어 있는 유기물만을 이용하는 세균에 비하여 몇 배나 빠르다.

하나의 세균이 둘로 증가하기 위해 필요한 시간은 불과 몇 시간에서 길어야 2~3일 정도이다. 입자상의 유기물 중에서 빨리 증가할 수 있는 세균은 그들에게 떼 지어 달려드는 소형 동물에게 먹힌다.

이들 동물이 세균을 먹는 방식에는 3가지 종류가 있다. ㈎ 세균만을 먹는 것 : 윤충류(輪蟲類), 요각류(橈脚類), 섬모충류, 기타 동물의 유생(幼生), ㈏ 입자상의 유기물 전체를 삼켜서 세균 등, 소화할 수 있는 부분만을 이용하는 것 : 윤충류, 섬모충류, 편모충류, 선충류, 기타 동물의 유생, ㈐ 바닷속의 고체에 부착되어 있는 세균을 긁어서 먹는 것 : 패충류(貝蟲類), 요각류, 아메바, 소라류(roll shell).

이들 소형 동물은 다시 대형 식물성 동물에게 잡아먹힌다.

부식 연쇄의 안정성

바닷속에서는 계절에 따라 식물 플랑크톤이 증가하는 속도가 크게 변동하므로 생식 연쇄를 통한 물질이나 에너지의 공급이 불안정하다. 이에 비하여 세균은 용해되어 있는 낮은 농도의 유기물을 에너지원으로 하고 있으므로 증가하는 속도가 일정하다.

따라서, 부식 연쇄를 통한 물질과 에너지의 공급이 안정되고 있으므로 이에 의존하고 있는 동물의 생활에 어려움을 당하는 일은 없다. 이 안정성이야 말로 바다뿐만 아니라 지구 상의 모든 장소에서 부식 연쇄가 다른 것에 비하여 훨씬 우수한 최대의 이유가 되는 것이라 믿어진다.

생원소의 재이용

바닷속의 물질이 식물 연쇄만을 통하여 모든 생물에게 배급되어 이용되고 있는 경우를 상상하여 보자. 이 경우, 그 어떤 생물도 먹으려고 하지 않는 사체와 그 파편이, 여분 등의 배출물과 함께 해저에 산더미처럼 쌓이게 될 것이다. 그러나 이보다 더 난처한 일도 있다. 그것은 생물의 몸을 형성하거나 에너지를 보존하기 위해 필요한 유기물의 재료가 되는 '생원소의 재이용' 문제이다.

거의 모든 생물이 필요로 하는 생원소 중에서, 많이 알려진 것으로는 약 20종이 있다. 우선 광합성 때 사용되는 생원소는 탄소(C), 산소(O), 수소(H)이다. 이 밖에 다량의 영양 원소로서 칼슘(Ca), 마그네슘(Mg), 질소(N), 인(P), 칼슘(K), 황(S)이 있다.

또 미량의 원소로는 브롬(B), 염소(Cl), 코발트(Co), 구리(Cu), 요오드(I), 철(Fe), 망간(Mn), 몰리브텐(Mo), 아연(Zn) 등이 있다.

이러한 생원소는 바닷물 속에 용해되어 있어 생물이 필요로 하는 양을 시초에는 충분히 충당할 수 있다. 그러나 식물 연쇄에 이용되지 못하게 된 사체 등의 속에 일단 흡수되면 새로운 생물을 증가시키기 위해 다시 이용할 수 없게 된다.

세균의 역할

따라서 새로운 생물이 계속 탄생하기 위해서는 생물의 사체와 그 파편을 어분 등의 배출물과 함께 전부 완전 분해하여 바닷속을 청소할 뿐만 아니라, 생산자가 생원소를 다시 이용할 수 있게, 무기물로 환원시킬 필요가 있다.

이 역할을 수행하는 생물을 일반적으로 '분해자'라고 한다. 바닷속에 살고 있는 세균은 바로 이 지저분한 일을 묵묵히 수행하고 있는 중요한 생물이다.

세균은 이용하는 유기물의 약 30퍼센트를 자기 몸속에 축적한다. 그리고 나머지 약 70퍼센트를 무기물로까지 분해하고 있다.

천연계(天然界)의 생물에 의해서 만들어지는 다종다양한 생물 중에서, 세균에 의해 분해되지 않은 것은 없다. 뿐만 아니라 세균은 인간이 공업적으로 합성한 플라스틱까지도 분해함은 물론, 살충제 등의 독물질까지도 무기물로 분해한다.

20세기에 들어와 인간이 공업적으로 합성을 시작하기 이전에는 이와 같은 물질이 천연계에 존재하지 않았다. 느리기는 하지만 그런 것을 생화학 반응에 의해서 분해하는 세균의 힘은 위대하다고 하지 않을 수 없다.

특히 바닷속에서 유영하면서 생활하고 있는 세균은 낮은 영양 상태에 놓여 있으므로 어떠한 유기물도 이용하려고 하는 성질이 강하다. 공업적으로 합성되는 유기물은 제쳐두고, 바닷속의 식물과 동물에 의해서 계속 만들어지고 있는 유기물은 만들어지는 속도와 같은 속도로 세균에 의해서 계속 분해되고 있으므로 각 유기물을 구성하고 있는 생원소도 같은 속도로 재이용되고 있는 셈이 된다.

육지에서 아득히 떨어진 대양에서는 천연 유기물 중에서 분해되기 쉬운 아미노선, 단당, 유기산 등을 구성하는 생원소는 생물 활동이 활발한 바다 표면에서는 수십 일 안에, 또 깊은 장소에서는 2~3개월에서 2~3년 안에 재이용된다. 그리고 약간 분해되기 어려운 천연 유기물인 셀루로오스와 키틴(chitin) 등을 구성하는 생원소는 바다 표면에서는 3년 안에, 깊은 장소에서는 20~30년 안에 재이용된다.

분해되기 가장 어려운 천연 유기물인 부식질의 생원소는 바다 표면에서는 수십 년에서 수백 년 안에, 또 깊은 곳에서는 수천 년이나 걸려 겨우 분해되어 재이용되는 것으로 밝혀졌다. 바다 깊은 곳은 인간에게 있어서는 견딜 수 없는 높은 수압의 냉랭한 환경이므로 거기에 살고 있는 세균도 활발한 활동은 불가능하다.

이에 비하여 생원소가 많이 존재하고, 에너지도 다량으로 들어오는 연안 바다에서는 생균이 활발한 활동을 한다. 이러한 바다에서는 분해되기 쉬운 천연 유기물을 구성하는 생원소가 2~3일 안에 재이용된다. 또 약간 분해되기 어려운 천연 유기물을 구성하는 생원소는 수십 일에서 수개월 이내에 재이용된다. 가장 분해되기 어려운 천연 유기물을 구성하는 생원소일지라도 수년 안에 재이용된다.

이와 같이, 세균은 부식 연쇄의 막을 열어 바다 생물에게 안정된 식료를 공급하고 있을 뿐만 아니라 그 어떤 것보다도 뛰어난 분해자로서의 사명도 다하여 생원소의 재이용을 가능하게 하고 있다. 세균 이외의 모든 생물도 세균과 마찬가지로 어느 정도 양의 유기물을 무기물로 분해하고는 있지만 그 활동은 도저히 세균에는 미치지 못한다.

5장

바다의 생물 자원

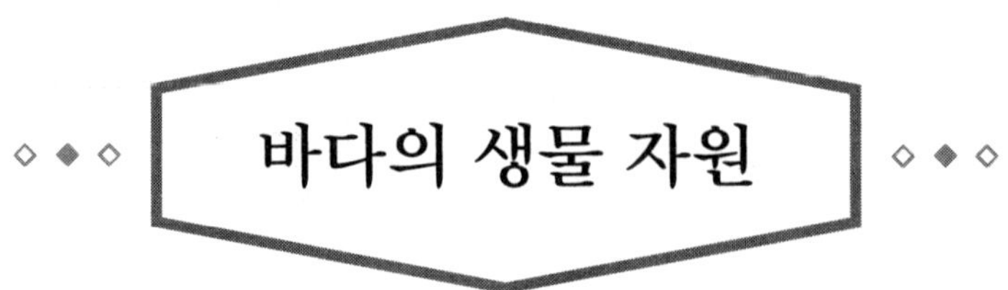

어류(魚類)

바다의 생물이라고 하면 먼저 떠오르는 것이 물고기들이다. 파도 사이에서 기척도 없이 출현하여 해면에 닿을 듯이 글라이더처럼 나는 날치류를 비롯하여, 큰 무리를 지어 유영하는 창꼬치(barracuda)류, 귀엽고 깜찍하여 수조 안에서 사육되는 관상용 도미, 기타 초어, 놀래기, 정어리, 꽁치, 고등어, 대구, 도미 등. 어찌 그 이름을 다 말할 수 있겠는가.

현재 이 지구 상에 살며 인간에게 알려져 있는 물고기는 2~4만 종(학자에 따라 의견이 다르다)에 이르며, 새로운 종도 해마다 발견되고 있다.

여기서 우선 짚고 넘어가야 할 것은, 어류란 무엇을 말하는가이다. 고래도 어류인가? 고래는 물고기라기보다는 포유류란 것을 알고 있는 사람이 많지 않다. 그럼 상어는 무엇인가?

사실 어류에는 몇 가지 정의가 있어서 상어류는 어류와는 따로 나누는 학자도 있다. 그러나 여기서는 보다 넓은 의미에서의 어류, 즉 척추동물을 둘로 나눈 경우의, 사지동물 이외의 것을 하나로 묶은 동물을 어류라고 하겠다. 이렇게 하는 것이 실용적이고, 간편하기도 하므로 많은 학자들이 채용하고 있는 방법이기도 하다.

사지(四肢)동물이라는 것은 양생류, 파충류, 조류 및 포유류를 포함하고, 고기(어류)란 무악류(無顎類), 연골어류(상어, 가오리류), 경골어류(도미, 정어리류)를 포함한다. 3억 5천만 년 정도 이전에 멸종한 판피류(板皮類)와 2억 7천만 년 정도 전에 멸종한 아칸토데(Acanthodes)류는 어류에 포함한다.

이 넓은 의미에서의 어류는 예외가 있기는 하지만 물속에 살며 자유롭게 유동하고 아가미로 호흡하며, 주위의 수온에 따라 체온이 변할 뿐만 아니라, 지느러미를 가지고 있지만 다섯 손가락이 존재하는 사지는 가지고 있지 않다. 예외인 것은 척추나 또 척추 대신의 것을 가지고 있는 것이다. 이들은 척추동물 중에서도 지구 상에 가장 먼저 출현했다.

어류의 출현

어류의 출현은 바닷속에서였나, 담수에서였나, 또 원시적인 어류가 번성한 곳은 어디였나 하는 점에 관해서는 학자 간에 논쟁이 이어지기도 하였지만 점차 기록이 갱신되고 있는 최고의 어류 화석은 아마도 어류는 바다에서 출현하여 처음에는 바다에서 번성했다는 설에 무게를 두는 것 같다. 그러나 어류의 진화는 시초에 담수역에서 활발했었다는 설도 있다. 그 증거로는, 원시적인 어류의 체형이 담수의 흐름에 대응할 수 있도록 되어 있다는 점과, 신장의 구조 및 기능이 담수생활용이었다는 점들을 들고 있다.

실루루기(Silurian)와 데본기(Devonian) 초기에는 대부분의 무악류(아래턱이 없는 것)는 강이나 못에 살았지만 데본기 말기가 되어서는 판피류(실루루기 후기에 출현)와 연골어류(데본기 중기에 출현)가 바닷속에 많았다고 한다.

턱이 없는 고기

무악류는 오늘날에 이르러서는 칠성장어(lamprey)라 눈봉사장어(hagfish) 같은 퇴화된 고기밖에 존재하지 않지만 고생대(古生代)의 것에는 골질의 갑옷 같은 외부 골격(때로는 내부 골격도) 발달한 것도 있어서 크게 번성했던 것 같다. 하지만 이 어종에는 턱이 없다. 무엇을 먹을 때는 둥근 흡반상 입으로 빨아당겨 먹었으나 그 후에 출현한 턱이 있고, 지느러미까지 발달한 아칸소디스류, 판피류, 연골어류, 경골어류에 비하여 먹이를 잡는 능률이 매우 열악했었다. 많은 식물을 취할 필요는 없었으므로 대체로 소형이고, 길이는 10~30센티미터, 커야 고작 60센티미터 정도되는 것이 많았으며 최대 2미터 되는 것도 있었다고 한다.

외부 골격이 발달한 이유는, 집게발을 가지고 무는 힘이 강했던 대형 '수생 전갈'이라고도 할 수 있는 절족동물 광익류(별명 대갑류, 거갑류)인 대형 바닷가재류를 방어하기 위해서였다고 한다. 무악류가 번영하였을 때에는 그것을 습격할 만한 유악의 척추동물이 아직 출현하지 않았다. 또 담수역에는 강적이 되었을 것으로 추정되는 문어나 오징어 같은 두족류(頭足類)는 존재하지 않았다.

유악류

무악류의 출현에서 유악류가 출현하기까지는 약 9,000만 년의 시간적 차가 있다. 만약 무악류에서 유악류가 진화하였다고 하면 무악류의 몸 어느 부분이 턱이 되었겠는가? 혹은 유악류는 무각류와는 다른 조상에서 진화한 것인가? 현재로서는 아가미를 받쳐주는 시궁(鰓弓) 일부가 턱이 되었을 것이라고 보는 경향도 있지만 이를 입증할 만한 알맞은 화석은 발견된 것이 없다.

오르도비스기(Ordovician)에 이어진 실루루기에는 턱을 가진 판피류도 출현하였지만 아칸토데와 함께 주로 다음의 데본기에 변성했고 판피류는 석탄기의 초기, 아칸토데 그 다음의 페름기(Permian Period) 초기에는 멸종했다. 데본기에 출현한 턱이 있는 연골어류와 경골어류에 압도당한 셈이 되었다.

인류와 어류

인류의 직접 조상인 오스트랄로피테쿠스(Australopithecus)와 호모에렉투스(Homo erectus)가 출현하고 나서 바다 어류는 어떠하였을까? 네안데르탈인(Neanderthal man)이 출현하고 나서는? 한반도에 처음 거주한 사람과 바다 어류와의 관계는?

인류의 기원은 아프리카라는 설과 아시아라는 설이 있지만 모두 바다와 특별히 밀접한 관계를 가지고 있었다고는 생각되지 않는다.

시대가 많이 경과하여 원시 시대가 되자, 바닷고기를 식용으로 어획했다는 것을 시사하는 증거가 나타나고 있다. 패총에서는 낚싯바늘, 작살에 찔린 도미의 두개골, 기타 흑돔, 숭어, 농어 등의 뼈가 나오기도 했었다. 그리고 현재도 바다의 상태는 변동을 거듭하고 있으며 한반도 주변의 해산어 자원량, 분포구역, 산란장 등도 변전하고 있을 뿐만 아니라 인간에 의한 어획 능력도 변동을 계속하고 있다.

어류의 분류

여기서는 여러 각도에서 어류를 분류하여 보기로 하겠다.

❶ 담수에서만 사는 것, 바다에서만 사는 것, 한때 바다로 나가는 것(은어, 연어, 송어), 바다에서 강으로 올라오는 것(연어, 은어, 뱀장어 등)

❷ 큰 회유를 하는 것(태평양이나 대서양을 횡단하는 검은 참치류, 러시아 연해에서 동해까지 내려오는 명태, 꽁치 등)과 갯바위 등에 살고 있는 텃고기, 작은 범위를 이동하는 것

❸ 표층 가까이에 사는 것, 해저에 사는 것, 해저 바로 위에 사는 것, 중간층에 사는 것

❹ 연안에 사는 것, 외양에 사는 것

❺ 진흙펄에 사는 것, 모래펄에 사는 것, 자갈밭에 사는 것, 바위틈에 사는 것

❻ 동물 플랑크톤을 주식으로 하는 것, 식물 플랑크톤을 주식으로

하는 것, 다른 동물을 포식하는 것, 식물을 주식으로 하는 것, 잡식하는 것

⑦ 발광(發光)하는 것, 음성을 내는 것

⑧ 성장함에 따라 크게 변태하는 것, 그렇지 않은 것

⑨ 전갈처럼 탈피하는 것, 하지 않는 것

⑩ 놀래기처럼 모래 속에 묻혀 잠자는 것, 그렇지 않은 것

⑪ 난생(卵生), 난태생(卵胎生), 태생인 것

⑫ 집이나 세력 범위를 만드는 것, 그렇지 않은 것

⑬ 의태(다른 생물이나 주위 환경에 몸 색깔을 맞추는 것)를 하는 것, 하지 않는 것

⑭ 티고 놀래기처럼 다른 고기의 체표나 입안의 기생충을 청소하는 것, 그 고기와 유사한 형체나 색깔로 변장하여 다른 고기에 접근하여 이로 갉는 것

⑮ 경계색을 갖는 것, 그 흉내를 내어 위협하는 것

⑯ 체표에서 독을 뿜어내는 것, 뿜어내지 않는 것

⑰ 복어처럼 내장 등에 맹독을 가지고 있는 것, 없는 것

⑱ 참치나 청상어처럼 체온이 주위 수온보다 높아져 고속으로 장거리를 유영하는 것, 그러하지 않는 것

⑲ 부레가 있는 것, 없는 것

⑳ 이석(耳石)이 있는 것, 없는 것

㉑ 아가미 안에 늘어서 있는 섬유상 돌기가 존재하는 것, 없는 것

㉒ 이빨이 있는 것, 없는 것

㉓ 측선(側線)이 있는 것, 없는 것

㉔ 복부 지느러미가 있는 것, 없는 것

㉕ 복부 지느러미의 줄기가 5개인 것과 그 이상인 것

㉖ 복부 지느러미가 몸 앞쪽에 있는 것, 뒤쪽에 있는 것

등으로 구분할 수 있다.

새로운 사실이 발견될 때마다 어류의 분류에 변화와 발전을 볼 수 있다. 그러나 대체로 세계에서 채용하고 있는 어류의 분류는 계통을 나타내는 것을 목표로 하고 있다. 이것도 일진월보하여 세계의 어류학자가 고생물학, 발생학, 유전학 등의 힘을 빌려 주로 형태에 따라 새로운 아이디어를 내어 개량하고 있다. 현재는 1966년에 글리우드와 로젠 등이 공동으로 발표하고, 그 후에 조금씩 수정을 추가한 진골류의 분류체계가 미국, 기타 나라에서 채용되고 있다.

고래

고래가 언제부터 인류에게 흥미로운 생물이었는가를 밝히기란 쉽지 않다. 인류에게 있어 고래는 어업생물로서, 특이한 존재로 인식되었던 사실만은 명백하다.

고래류는 현재까지 약 100종류가 세계 수역(바다와 담수의 못, 강)에서 보고되었다. 분류학적인 위치에서 본다면 고래는 포유동물이라고 하는, 체제가 가장 발달한 고등동물군에 속한다. 대형은 일반적으로 이름 뒤에 '고래'라는 호칭을 붙여서 부른다. 예를 들면 흰수염고래, 정어

리고래, 말향(抹香)고래 등으로 부른다. 이에 대하여 소형은 일반적으로 '돌고래'를 이른다. 이것은 영어의 경우도 마찬가지여서, 대형은 '호엘(whale)', 소형은 '돌핀(dolphin)'을 붙여서 부른다. 또 주둥아리가 없는 소형 고래는 포파스(porpoise)라고 한다. 수권에 생식하므로 얼핏 보아 어류에 가까운 형태를 갖추고 있지만 몸의 각 부분과 생활양식을 비교하여 보면 고래와 어류는 본질적으로 다르다.

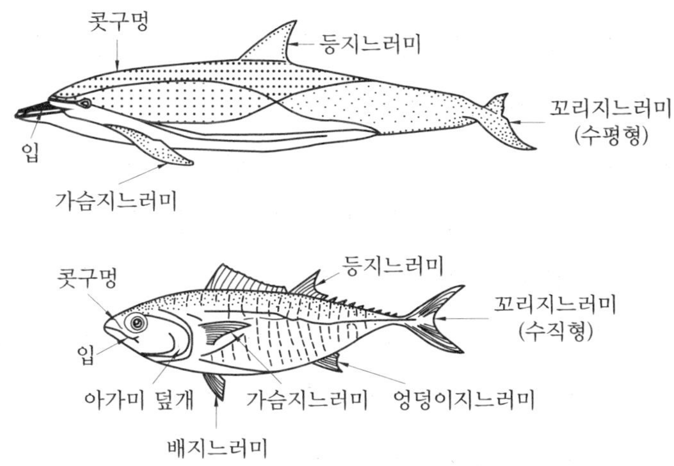

참돌고래와 참치의 체형 비교

먼저 체형을 비교하여 보자. 위의 그림은 참돌고래와 참치를 보기로 든 것이다. 양자 모두 체형상으로는 얼핏 보아 비슷하다. 그러나 자세히 보면 고래는 호흡하는 콧구멍에 해당되는 부위가 눈 위에 있다. 이것은 분기공이라 한다. 고래가 물을 뿜어내는 현상은 수면에 부상하여 호흡할 때 콧구멍 부근에 고인 물을 호흡과 함께 뿜어내는 현상이다.

콧구멍은 북태평양에 사는 큰 고래나 수염고래류의 경우 2개로 나누어져 있지만 향유고래 같은 이빨고래(odontoceti)류에서는 비도(鼻道) 끝이 하나로 되고 구멍이 열려 있는 외비공도 하나이다.

어류의 경우 폐에 해당된 기능을 하는 것이 아가미인데, 물을 입으로 흡입하고 아가미를 통해서 아가미구멍이라는 가느다란 구멍을 거쳐 밖으로 배출한다.

이와 같이 고래는 공기에서, 어류는 물에서 산소를 흡인한다. 고래류는 콧구멍이 머리 위쪽으로 옮겨진 탓에 눈이 머리 양쪽에 튀어나와 텔레스코핑이라는 형태를 취한다.

꼬리지느러미는 돌고래의 경우 수평으로 붙어 있으나 어류는 수직으로 붙어 있다. 고래류는 호흡을 위해 수시로 수면으로 떠오를 필요가 있으므로 상하 이동을 위해 꼬리지느러미가 수평으로 붙어 있는 것이 편리할 것이고, 어류는 갑자기 좌우로 방향을 바꾸는 경우는 있어도 수중에서 끊임없이 상하 이동을 반복할 필요가 없다. 따라서 꼬리지느러미는 수직으로 붙어 있는 것이 편리하다.

돌고래의 가슴지느러미는 전지(前肢)가 변화한 것으로, 지골(肢骨)이 그 속에 있으나 등지느러미에는 뼈가 없다. 그러나 어류에는 다른 지느러미와 마찬가지로 줄이 보인다.

고래류에는 포유류로서의 특성이 있다. 즉, 온열동물이므로 체온이 거의 일정하고, 태어난 새끼 고래는 일정 기간 어미고래의 젖으로 자란다. 그러나 어류는 체온이 해수 온도에 따라 영향을 받는 변온(變溫) 동물이고, 알에서 부화한 치어는 스스로 먹이를 해결한다.

고래류에는 육상 생활의 흔적으로 머리 쪽에 체모(體毛)가 남아 있는 예도 있지만, 어류에는 체모가 없고 비늘이 몸을 둘러싸고 있다.

고래의 종류

현존하는 고래류는 수염고래류와 이빨고래류로 크게 구별되며 분류학적으로 문제가 있는 종을 제외하고 약 100종류가 보고되었다. 종류로서는 이빨고래가 90종 정도이고, 수염고래는 10종류에 불과하다.

수염고래 중에는 지구 상에 출현한 최대의 동물로 간주되는 흰수염고래(Balaenoptera musculus), 세미고래(semi whale), 북극고래 등이 있다.

지구 상 최대 동물인 흰수염고래는 몸길이 30미터 가까이 되는 것으로 알려져 있으며, 몸무게는 150톤에 이른다. 한편 이빨고래의 최대 종은 향유고래로, 이 고래는 소위 미국식 포경시대에 크게 포획되었다.

수염고래는 일반적으로 암컷이 크지만 이빨고래, 특히 향유고래는 수컷이 크다. 향유고래의 수컷은 17미터 정도 되는 것이 발견되었으나 암컷은 10미터 정도로 작다.

고래의 조상

고래류는 일단 육상으로 올라와서 진화한 생물이 다시 수중으로 돌아가 현재의 종으로 진화한 동물이다. 그럼, 고래류는 원래 어떠한 포유동물에서 진화한 것일까?

고래의 조상은 육상의 포유류로, 백악기(cretaceous period)까지 거슬러 올라간다. 그 당시에는 현재 고래와는 모습도 전혀 달랐고 먹이도 곤충류였다. 멸종한 식육류(食肉類)인 크레오돈타라는 동물 중에는 고래류 조상으로 추정되는 종도 있다.

현생하는 고래의 특징을 갖춘 동물이 시초로 출현한 것은 시신세 중기 초반으로, 지금의 고래에 비하여 아직 수중 생활에 대한 적응이 충분하지 못했던 것으로 생각되지만 이미 전지(前肢)는 지느러미가 되고 후지는 외부로 나와 있지 않다.

점신세(漸新世) 종반이 되면 현재 이빨고래의 조상으로 믿어지는 고래가 등장한다. 이 무렵 이빨고래는 급속히 많은 종류로 분화한 것으로 믿어지며, 지금으로부터 1,900만 년 전의 중신세에는 이미 현재의 이빨고래와 같은 종류가 발견된다.

고래는 어류처럼 수중 생활에 적합한 모습인 것은 한눈에 알 수 있으나, 다시 잘 살펴보면 수중 생활에 대한 많은 적응이 인지된다. 앞에서도 지적한 바와 같이 후지는 퇴화하고 전지는 지느러미로 변했다.

고래의 피부는 표면이 각질층으로 덮여 있고 그 밑에 배아층(胚芽層)이, 배아층 밑에는 두꺼운 지방층이 있다. 이 두꺼운 지방층은 남극양과 같은 극한의 바다에서도 체온을 일정하게 유지시키는 역할을 하며, 한때 대량으로 포식한 먹이를 지방으로 바꾸어 축적하여 둘 수 있다.

고래는 포유동물의 일종이므로 옛날에는 인류의 수족에 해당하는 부분이 있었다. 다리에 해당하는 부분은 외견상으로는 인지되지 않는다. 수중 생활의 적응으로 말끔하게 퇴화되었기 때문이다. 그러나 잘 살펴보면 다리의 존재를 증명하는 사실이 있다. 고래류는 작은 태아일 때는 하지에 해당하는 부분이 돌출되어 있지만 성장함에 따라 흡수되어 보이지 않는다.

고래의 잠수 정도

고래가 잠수하는 깊이에 관해서는 충분한 자료가 없다. 그러나 기록을 보면 고래의 잠수 능력은 매우 뛰어나다는 것을 알 수 있다. 대형 향유고래가 해저전선에 걸려 끌어올려진 사례가 있는데, 그 가장 깊은 기록은 1,100미터에 이르렀다. 해저전선에 걸렸을 때는 아직 살아있어서 먹이를 쫓아 그 깊이까지 내려간 것으로 믿어진다.

깊게 오랜 시간 잠수하는 고래류의 호흡은 일반적으로 육상 포유류에 비하여 불규칙하다. 떠올랐을 때에는 연속하여 호흡을 반복하지만 곧바로 다시 잠수할 수도 있다. 호흡 횟수는 육상 동물에 비하여 적지만 늘 심호흡하여 폐의 산소와 탄산가스 교환을 돕는 것으로 믿어진다.

잠수 중에 심장 박동 수가 현저하게 변화하는 것도 예사롭지 않다. 어떤 돌고래에 대하여 실험한 결과로는, 잠수 전에 1분간 50~100회였던 심장 박동 수가 잠수와 동시에 20회로 떨어지고, 잠수를 끝내고 부상하여 호흡을 재개하면 다시 100회로 회복했다.

고래류는 근육 속에 미오글로빈(myoglobin)이라는 색소단백질이 있으며 혈액 속의 헤모글로빈과 마찬가지로 산소결합 능력이 크다. 따라서 고래류는 몸속에 산소 저장기능을 가지고 있어 잠수 중의 근육 대사에 기여하는 것으로 생각된다.

고래의 나이

고래가 몇 해를 살았는가를 알아보는 것은 매우 어렵다. 그러나 오늘날에 이르러서는 나이를 알아내는 몇 가지 방법이 발견되었다. 수염고래의 경우, 구강 안에 나는 수염에는 줄무늬가 있으며, 그 줄무늬로 먹은 먹이의 양과 나이를 알 수 있다. 고래 수염은 손톱과 마찬가지로 계속 자라지만 몸체는 점차 성장이 느려지고 끝내는 정지한다.

또 고래의 외이도(外耳道)에 쌓이는 귀지(耳垢)에는 줄무늬가 있으며, 이 줄무늬로도 수염고래의 나이를 알 수 있다. 수염고래의 귓구멍은 막혀 있어 피부 바깥쪽에서는 약간 패여 보일 뿐이다. 안쪽 외청도(外聽道)에 쌓이는 귀지의 중심부를 절단하면 황색을 띈 층과 암흑색의 층이 줄무늬가 되어 나란히 있다. 지방질을 많이 포함한 황갈색층은 여름에 형성되고 각질을 많이 포함한 짙은 흑색층은 겨울에 형성되므로 어느 쪽이든 이 줄무늬 하나가 1년에 해당하게 된다. 이렇게 얻어진 결과로 미루어 수염고래는 생후 6~10년이면 성숙하고, 60년 이상 사는 것이므로 밝혀졌다. 가장 많은 나이로는 100세 이상으로 믿어지는 긴수염고래도 있었다.

플랑크톤

영국의 플랑크톤 학자인 하디경은 '짙은 안개가 낀 날에 들판을 바라보듯이, 바다를 내려다 보면 수면 아래 수 미터 이상은 몽롱하여 무엇이 있는지 알 수 없다'고 바다의 세계를 표현했다. 이 모호한 바닷속 세계에는 사실 무수한 생명이 붐비고 있다.

수 미크론의 작은 단세포 생물에서부터 수 밀리미터의 요각류(copepoda), 수 센티미터의 모악류(chaetognatha), 더욱 커다란 해파리까지 다양한 크기와 형체의 생물이 부유 생활을 하고 있다. 이것들이 플랑크톤으로 호칭되는 식물, 동물군이다.

식물 플랑크톤으로는 남조류(cyanophyceae), 와편모 조류(渦鞭毛藻類), 하프토(Hapto) 조류, 황금색 조류(규질 편모조류), 규조류(diatom), 황록조류, 라피드 조류, 녹충조류(euglenophyceae), 녹조류, 프라시노(prassino) 조류 등이 있다.

이처럼 식물 플랑크톤이 식물 중의 조류에만 국한하여 있는 데 반하여, 동물 플랑크톤에는 소수를 제외하고 거의 모든 계통군의 대표자를 볼 수 있다. 원생(原生) 동물은 물론, 강장류(coelenteron), 빗살 해파리류(ctenophora pteroped), 윤충류, 익족류(pteropad), 이족류(異足類), 지각류(cladocera), 개형류(介形類), 요각류(Copepoda prassino), 아미류(amidae), 난바다곤쟁이목(Euphausiacea), 단각류(amphipeda), 모악류, 우르탈류(doliolida), 살파류(salpida), 미충류(尾蟲類) 등, 일생 동안 부유 생활을 하는 종생 플랑크톤을 포함하며, 이 밖에 와충류(turbellaria), 유충류(ribbonworm), 이미패류(bivalvia), 권패류(snail), 게류(crab), 새우류(shrimp), 추충류(phoronida), 장새류(enteropneusta), 극피류(echinoder-mata) 등, 특유한 유생 사이에서만 부유 생활을 하는 유생(幼生) 플랑크톤을 낳은 것이 많이 있다.

이처럼 다양한 미소 동물과 식물들은 어찌하여 바닷속에서만 떠돌고 있는 것일까? 공중에는 새와 곤충들이 존재하지만 그것들은 지상에서 어느 시간 공중으로 날아오를 뿐이다. 바닷속이 이처럼 작은 생물이 많은 것은 바닷물이 밀도가 높은 매체이고 영양분도 풍부한 액체이기 때문이다. 엷은 막(膜)만으로 원형질이 외계와 경계하는 단세포 생물이나 해파리처럼 몸체의 대부분이 물로 형성되어 있는 연한 생물도 바닷물 속에 존재함으로써만 건조할 걱정 없이 생존할 수 있다.

식물 플랑크톤은 바닷물 속에 용해되어 있는 무기 영양분을 직접 흡수할 수 있으므로 육상 식물 같은 뿌리가 있을 필요가 없다. 플랑크톤뿐만 아니라 고래와 같은 거대한 동물도 비중이 높은 바닷물 속에 있으므로 크고 강한 골격을 소유하지 않았을지라도 크고 무거운 몸을 유지할 수 있다.

바닷물은 비중이 높은 매체이지만 생물체는 바닷물보다 약간 무겁기 때문에 플랑크톤도 특별한 '부유기관'을 소유하지 않는 한, 정지된 바닷물 속에서는 가라앉는다.

물속에서 물체가 가라앉는 속도는 물체가 같은 용적의 물보다 무거운 만큼에 비례하며, 물의 점도(粘度)와 물체의 마찰계수의 곱에 반비례한다.

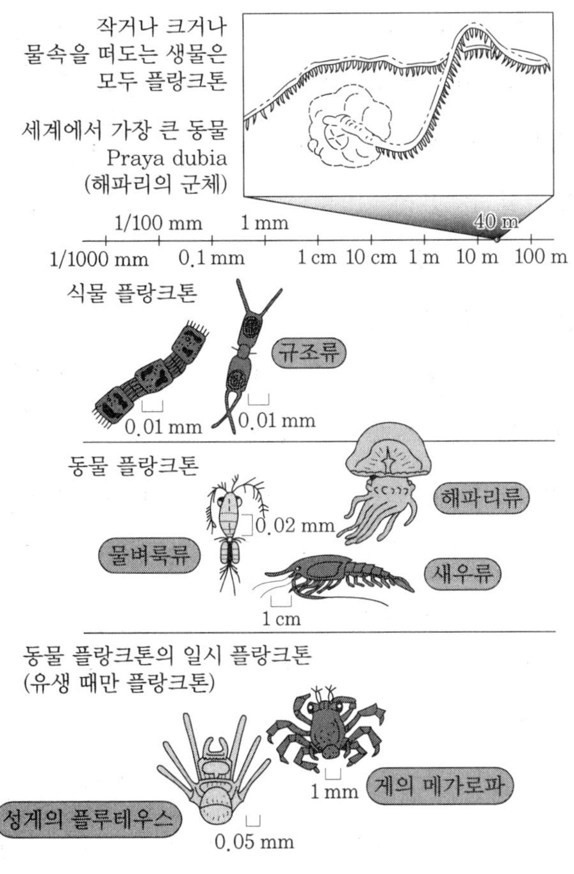

각종 플랑크톤

플랑크톤을 예로 보면, 마찰계수를 크게 하여 잘 가라앉지 않는 형체로 되어 있는 것을 알 수 있다. 특히 운동력이 없는 식물 플랑크톤, 규조류를 보면 반상체(盤狀體), 전단이 비스듬히 잘린 침상체(針狀体), 비틀린 리본상의 군체(群體), 방사상의 군체, 지그재그상으로 연속된 군체, 고리상으로 이어진 군체 등, 가라앉지 않도록 몸체가 구성되어 있음에

놀라지 않을 수 없다. 그림은 와편모 조류의 일종인데, 마치 낙하산을 뒤집어 쓴 것 같은 우아한 모습은 '부유 적응'의 한 예라 할 수 있다.

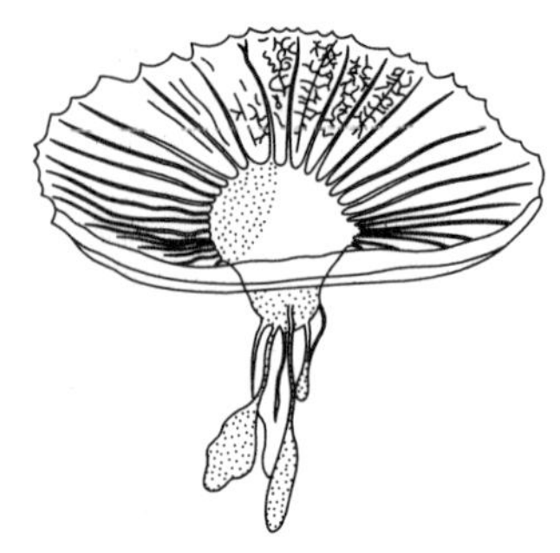

와편모 조류
ornithocercus splendidus

물체의 침강속도는 물의 점성(粘性)에 반비례한다. 온도가 높은 바닷물은 점성이 낮으므로 플랑크톤이 침강하기 쉽다. 또 염분 농도가 낮으면 물의 점성도 낮아지지만 외양(外洋)의 바닷물은 어디서나 염분 농도에 변함이 없다. 와편모 조류의 일종인 케라튬 플라티코르네는 북쪽 냉수역에 분포하는 변종은 두각(頭角)이 뾰족하지만 아열대의 고온 수역에 사는 변종은 두 뿔이 크고 편평하다. 이것은 바닷물의 점성 변화에 적응하여 침강을 막기 위해 형태를 바꾸어 적응하는 예이다.

그러나 플랑크톤의 몸 생김이 아무리 침강하기 어렵게 생겼다 할지라도 고요한 물속에서는 이윽고 침강한다. 바닷속에서 플랑크톤이 침강하지 않고 부유를 계속할 수 있는 큰 이유는 바닷물이 다소나마 끊임없이 유동하고 있기 때문이다. 유동하는 바닷물 속에서 플랑크톤은 가로로 밀리거나 때로는 위쪽으로 향하여 밀려 오르기도 하여 좀처럼 침강하지 않는다.

왕성하게 번식할 때의 식물 플랑크톤은 침강하기 어렵지만 쇠퇴기에 들어서면 침강하기 쉬워진다. 이는 생리상태의 변화와 더불어 침투압의 균형이 무너지기 때문이라고 한다. 규조류가 떠 있을 수 있는 것은, 실험에 의하면 세포 중의 황산염, 칼슘, 마그네슘의 농도가 낮은 데 따른 것이라고 한다.

규조류의 침강 속도에 관해서는 하루에 50~60미터, 혹은 13미터, 10미터 정도라는 보고가 많다. 식물 플랑크톤을 채집하여 유리병 등에 넣고 물이 움직이지 않도록 놓아두면 그 속에서 침강하기까지 상당한 시간이 걸리지만 포르말린을 가해서 고정(세포나 조직의 부패를 막기 위해 살아있을 때와 마찬가지로 보존하는 처리)하면 즉석에서 침강하는 것을 경험할 수 있다.

살아있는 식물 플랑크톤의 세포는 하루에 최대 30미터의 속도로 침강하지만 죽은 세포는 하루에 최대 510미터의 속도로 침강했다는 실험도 있었다.

먹는 자와 먹히는 자

바다에는 규조류와 같은 식물 플랑크톤보다 더 작은 미세 플랑크톤(나노플랑크톤)도 대량 존재한다. 식물성인 것도 있고 동물성인 것도 있다. 이들은 작은 동물 플랑크톤의 중요한 먹이가 된다.

보통 크기의 식물 플랑크톤을 포식하는 식식성 동물 플랑크톤 중에서 가장 주요한 무리는 요각류이다. 요각류가 먹이를 물에서 걸러먹는 '여과섭식'에 관해서는 많은 연구기록이 있다.

요각류는 부속지(附屬肢)의 운동으로 주위 바닷물에 소용돌이를 일으켜, 먹이가 되는 식물 플랑크톤이 물과 함께 흘러왔을 때 제2의 작은 아가미의 자모(刺毛) 사이를 통과할 때 큰 아가미의 절치부에서 씹어 입속으로 흡입한다.

요각류가 입으로 흡입한 먹이 중 소화가 안 되는 것은 장을 통하여 항문으로 배출된다. 소화가 되지 않은 것은 후장부(後腸部)에서 분비되는 막에 싸여 분괴(糞塊)가 되어 막 밖에서 나온다. 분괴는 막에 싸여 있으므로 물속에 배출되어도 곧바로 형체가 무너지지 않고 침강하여 물속에 분산되지 않는다.

배설물(분)에는 아직 유기물이 남아 있으므로 거기에 종속 영양세균이 붙어 번식하면 영양가가 있는 덩어리가 된다. 이러한 분괴가 침강하여 바닷속 심층에 도달하면, 심층 동물의 좋은 영양원이 된다. 묘하게도 요각류의 암컷은 숫컷보다 훨씬 큰 분괴를 배출한다.

바닷속에는 눈발이 날리듯이 유기 현탁물이 많이 존재하고 있다. 이 현탁물은 먹힌 플랑크톤의 파편과 배출된 분이 분해되어 부유하는 것이므로 끝내는 심층으로 침강하여 영양분으로 축적된다.

식식성(植食性) 요각류 역시 때로는 다른 동물 플랑크톤을 포식하는 것으로 보고되었다. 먹는 종류는 입의 부속지 구조에 따라 거의 결정되지만 먹이의 종류에 따라 식성을 변화시키는 능력이 있음이 관찰되었다.

요각류는 식식성 동물 플랑크톤으로 저명한 종류를 포함하고 있지만, 종의 수로 보면 오히려 육식성이 많은 편이다. 그 밖에 모악류, 해파리류, 살파류 등은 동물 플랑크톤을 대량으로 소비하는 육식자이다. 그리고 오직 이 동물 플랑크톤만을 먹이로 하는 많은 어류가 있다.

또 어류는 보다 강하고 큰 어류의 공격을 받아 먹이가 된다. 이와 같은 식물관계에서 해양생태계를 보면, 아래에서 위로 영양단계가 올라갈 수록 생물의 생산량이 적어져 피라미드 형태를 이룬다. 이 바다의 생태 피라미드에서 플랑크톤은 기초 생산에서 2차, 3차 생산의 영양단계를 구성하는 주요한 무리이다.

이제까지 설명한 생태계의 식물관계를 물질과 에너지의 이동 측면에서 그 흐름을 설명하려는 연구가 수많이 이루어지고 있다. 그 한 예로, 식물관계를 영양가 관점에서 본 재미있는 연구가 있다.

먹이로 하는 식물 단백질의 좋고 나쁨을 판정하기 위해 표준 단백질(계란)에 함유되는 필수아미노산(동물 몸체 내에서 합성되지 않고 외부에서 식물로 섭취해야 할 아미노산)의 양에 대하여 비교하려고 하는 단백질의 필수아미노산 함량비의 평균을 구하여 이를 '필수아미노산 지수'로 한다. 지수가 높은 것이 양질의 아미노산이 되는 셈이다.

동물 플랑크톤에 대한 식물 플랑크톤의 필수 아미노산 지수를 검토하여 보면 평균 85였다. 이 지수가 90 정도이면 소비자에게 있어서 먹이생물은 양질의 단백질이고, 70 정도이면 양질이라고는 할 수 없다.

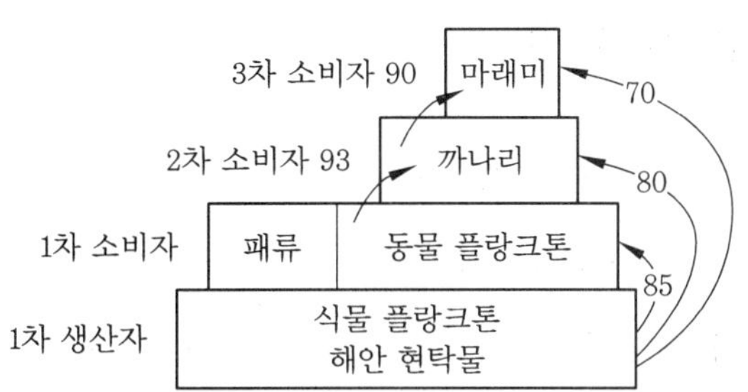

단백질의 영양가(필수아미노산 지수)

식물 플랑크톤은 동물 플랑크톤에게 있어서 지수 85라는 상당히 양질의 먹이인 것을 알 수 있다. 까나리에 대한 식물 플랑크톤의 필수아미노산 지수는 80이므로 그다지 양질의 먹이라고는 평가할 수 없다. 또 마래미(방어의 치어)에 대한 식물 플랑크톤의 필수아미노산 지수는 70이므로 마래미에게 있어 식물 플랑크톤은 결코 양질의 단백질이라고는 할 수 없다.

까나리는 동물 플랑크톤 포식자이지만, 동물 플랑크톤의 까나리에 대한 필수아미노산 지수는 93으로 매우 높아 좋은 먹이인 것이 분명하다. 마찬가지로 마래미에 대한 까나리의 필수아미노산 지수는 높다 (90).

이처럼 식물 연쇄의 단계를 한 단계 오를 때마다 단백질은 바뀌지고, 각 계층이 먹는 하위 먹이는 상위 동물에게 있어서 양질의 단백질인 것을 알 수 있다. 자연의 짜임새는 이처럼 교묘하여 인간의 지혜가 따를 수 없다.

북쪽 바다와 남쪽 바다

북쪽 냉수해역에서는 겨울철에 바다 표층이 냉각되어 아래층 냉수와의 밀도차가 떨어지기 때문에 궂은 날 파랑의 영향이 깊이까지 미쳐 바닷물의 '수직 혼합'이 이루어진다. 이로 인하여 심층에 축적되었던 영양분이 상층으로 돌아온다.

그리고 봄이 되면 온도가 상승하고 일사가 증가함에 따라 유효한 빛이 도달하는 유광층에서 식물 플랑크톤에 이용되어 식물 플랑크톤이 폭발적으로 증식하게 된다.

아한대 수역에서는 봄에서 여름까지 식물 플랑크톤의 증식이 이어지지만, 우리나라 주변 해역에서는 유럽의 온대 연안에서와 같은 전형적인 춘추의 식물 플랑크톤 증식은 없으며 불규칙하거나 여름철에 많이 증식한다.

1910년 무렵, 북방 해역에서 이제까지 보고된 적이 없는 칼라누스(Calanoida)의 일종이 대량으로 존재하는 것이 발견되었다. 그러나 그 성체(成體)가 발견되지 않았으므로 단순히 칼라누스의 일종으로 간주되어 왔다. 그러다가 1922년 암컷의 미성체 연구로, 그것이 칼라누스 플름크루스라는 새로운 종으로 발표되었지만, 성체는 여전히 밝혀지지 않았다. 1937년에 이르러서야 대한해협의 90~180미터 해저에서 잡은 명태 치어의 위를 해부하였더니 그 성체가 나와 처음으로 암수의 성체가 보고되었다. 그 후에 북쪽 바다의 300미터 정도 깊은 곳에는 성체가 많이 서식하는 것을 알게 되었다.

이 동물 플랑크톤은 봄에서부터 여름까지 많은 수의 미성체가 북쪽 바다 표층에 출현하여 식물 플랑크톤을 먹고 청어, 임연수어 등의 주요한 먹이가 된다. 가을에서 겨울에는 500~1,000미터 정도의 깊은 층으로 내려가 다음 해 봄까지 성숙, 산란하고는 사망한다. 알은 부화하여 발육하고, 미성체로 부상하여 표층에 다량으로 나타난다. 이렇게 하여 1세대 1년으로, 생애의 대부분 기간을 미성체로 살게 된다.

열대 해역으로 가면 사정은 달라진다. 바다에는 늘 햇빛이 내리 쪼이고 바람으로 일렁이는 표층은 고온이지만 그 밑에는 저온의 물이 존재하여 상층과는 섞이지 않고 안정된 층을 유지하고 있다.

표층은 1년 내내 고온이어서 북방 냉수역에서 볼 수 있는 것 같은 겨울철의 바닷물 수직 혼합은 일어나지 않는다. 따라서 표층의 영양분이 식물 플랑크톤에 의해 소비되어도 심층에서 보충되지 않으므로 표층 바닷물에는 늘 영양분이 빈약하다.

식물 플랑크톤은 표층 안에서 이루어지는 소비, 분해를 통하여 되돌아오는 영양분에 의존할 수밖에 없다. 그러므로 다량으로 증식할 수는 없지만 고온인 관계로 증식률이 높고, 적은 양이기는 하지만 빠른 속도로 끊임없이 생산되어, 역시 빠른 속도로 식식성 동물 플랑크톤에 포식된다. 그 결과 식물 플랑크톤이나 식식성 및 육식성 동물 플랑크톤 모두 수적으로는 적지만 1년 내내 소실됨이 없고 계절에 따른 변동도 적다.

북방 해역에서는 여러 종류의 식식성 동물 플랑크톤 수가 두드러지게 다수 존재하지만 열대 해역에는 많은 종류가 소수씩 존재한다. 북방 해역에서 식식성 동물 플랑크톤의 내식성 동물 플랑크톤에 대한 생산량 비율은 약 8대 2로 추정되고, 열대 해역에서는 이 비율이 5대 2 정도로 여겨진다.

식식성 동물 플랑크톤은 열대 해역의 것은 북방 해역의 것보다 일반적으로 체형이 작다. 북방 해역의 식식성 동물 플랑크톤은 봄에서 여름까지 사이에 많은 양의 먹이를 먹어 지방을 축적함으로써 겨울철 심층에서의 절식 기간을 대비해야 하므로 큰 몸체가 필요했을 것이다. 하지만 육식성 동물 플랑크톤은 북방 해역의 것이나 열대 해역의 것이나 몸체 크기에는 변화가 없다.

북방 냉수역에서는 플랑크톤뿐만 아니라 바다의 거의 모든 동물은 종류는 적지만 개체수는 많고, 반면 열대 고온해역에서는 종류는 많지만 개체수가 적은 게 일반적 법칙이다.

북방의 식물성 플랑크톤 증식기는 한정되고, 동물 플랑크톤의 세대 교체도 적어, 대부분이 1년 1세대이지만 열대 해역에는 식물 플랑크톤이 간단 없이 증식하여 동물 플랑크톤은 1년에 여러 번 세대 교체를 되풀이한다. 또 북방 해역에서는 동물 플랑크톤의 유체 파편 등이 분해되어 심층까지 침강하고, 심층에 축적된 영양물질은 용승류(upwelling)나 겨울철 바닷물의 수직 혼합에 의해서 상층으로 되돌아온다. 이와는 대조적으로 열대 해역에서는 플랑크톤의 유해나 분괴가 하층의 냉수층으로 침강되는 것도 있지만, 고온의 표층에서 쉽게 분해되어 곧바로 다시 식물 플랑크톤으로 이용되는 것이 많다고 추정된다.

이처럼 북방 냉수역과 열대 난수역 사이에는 해양 환경에 큰 차이가 있어 각 환경에 적응한 플랑크톤의 군집(群集) 구조와 생활양식에도 차이가 있다.

넥톤(nekton)

넥톤이란 말은 정말 생소한 단어이다. 주위의 몇 가지 사전에서 찾아보아도 플랑크톤은 나와 있지만 넥톤은 찾아볼 수 없다. 그도 그럴 것이 해양학에서 많이 쓰이는 용어이니 약간 설명을 달아 두겠다.

넥톤은 영어의 'nekton=헤엄치다'에서 유래한 것으로, 요컨대 스스로 헤엄칠 수 있는 해양 생물을 일컫는다.

헤엄치는 생물이라면 우선 어류나 고래 등을 생각하게 되겠지만, 그 밖에도 바다거북과 문어, 오징어, 그리고 능숙하게 헤엄치는 펭귄까지도 넥톤의 한 동료이다.

넥톤의 몸은 헤엄치기 위해 매우 알맞게 구성되어 있다. 우선 어류의 경우, 헤엄치기 위한 도구를 든다면, 물을 휘젓는 꼬리지느러미를 꼽을 수 있다. 가슴지느러미와 가슴과 복부의 지느러미는 방향을 전환할 때 균형을 잡거나 속도 제어 역할을 하는 것으로 여겨진다.

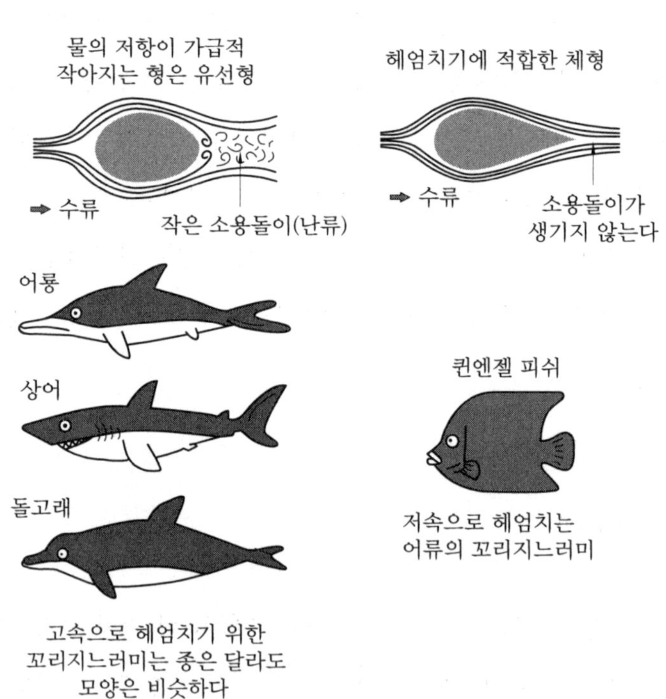

헤엄치기 위한 여러 체형

특히 꼬리지느러미의 생김새는 중요하다. 상어와 가다랑어, 참치, 돌고래, 고래 등의 꼬리지느러미는 중심 부분이 <자 모양으로 파여 있고, 폭도 좁아 아래위 혹은 좌우로 크게 뻗은 날렵한 모습이다. 꼬리가 이렇게 생기면 추진력이 있으므로 좌우 또는 상하로 진동시키면 매우 효율적으로 앞으로 나갈 수 있어, 멀리까지 신속하게 이동하는 것이 가능하다. 그러므로 돌고래와 참치는 시속 100킬로미터로 헤엄칠 수 있다.

이와는 반대로 산호초 등을 서식지로 생활하는 어류와 문절망둑 등은 꼬리지느러미가 부채 모양으로 생긴 것이 많다.

이렇게 꼬리지느러미가 부채 모양으로 생긴 어류는 멀리까지 나들이할 필요가 없는 고기들이다.

벤토스(benthos)

해양생물을 각기 그 생활양식의 차이에 따라 나누는 방법의 마지막은 벤토스이다. 이 벤토스란 말도 처음 듣는 사람들이 많을 것 같다.

벤토스는 영어의 'benthos=수저(水底)'에서 유래한 것으로, 해저에 서식하는 모든 생물, 즉 '저서생물(底棲生物)'을 지칭한다.

모래나 갯벌에서 사는 무척추 동물과 어류는 물론, 해저에 살고 있는 해조류와 해초(해조란 바닷속의 조류를 지칭하며 포자로 증식한다. 한편, 해초는 바닷속의 종자식물을 이른다)와 이에 붙어 생활하고 있는 동물도 벤토스라고 한다.

해저의 바로 위를 헤엄치며 생활하고 있는 어류와 새우도 벤토스로 분류하는 경우도 있다.

벤토스는 주로 위에서 떨어져 내려오는 유기물을 영양으로 하여 생활하고 있다. 지상에서도 토양 속에서 살아가는 두더지라든가, 지렁이, 짚신벌레, 기타 다양한 미생물이 존재하는데 그 해양판이 벤토스인 셈이다.

그렇다고 해서, 종류도 크기도 제각각인 생물을 모두 벤토스로 단정하는 것은 적절치 못하므로 다음과 같이 나누고 있다.

우선 해저에서 유영하거나 기어다니는 동물을 '넥톤벤토스(nektobentos)'라고 한다. 심해저 가까이에서 사는 심해 어류가 여기에 속한다. 그리고 게와 불가사리 등의 초대형 저서생물은 '메가벤토스'로 분류한다.

벤토스의 크기에 따른 분류

넥톤벤토스	해저에서 헤엄치거나 기어 다닐 수 있는 동물
메가벤토스 (megabenthos, 초대형 저서생물)	게, 불가사리 등의 초대형 저서생물
마크로벤토스 (macrobenthos, 대형 저서생물)	1밀리미터 체로 걸러 남는 저서생물(1mm보다 약간 큰 생물)
메이오벤토스 (meiobenthos, 중형 저서생물)	37마이크로미터의 체로 걸러 남는 저서생물(37μm≦메이오벤토스<1mm)
미크로벤토스 (microbenthos, 소형 저서생물)	메이오벤토스보다 더 작은 저서생물(미크로벤토스<37μm)

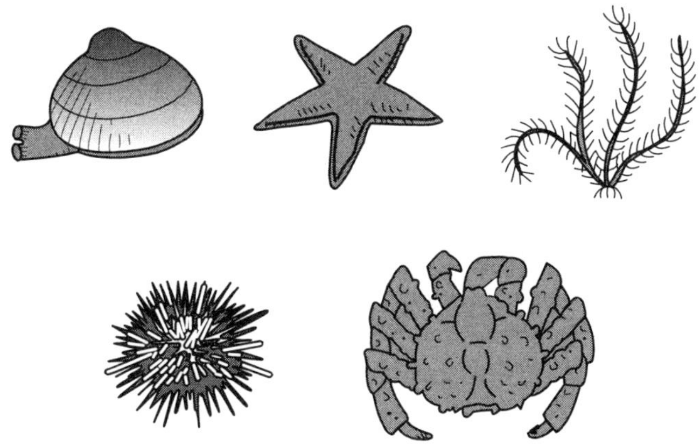

인간이 도달하기 어려운 깊은 저서생물을 조사하는 경우, 드레지(dredge)라는, 저안망 같은 그물을 배에서 내려 해저의 진흙과 모래 등을 채집한다.

이때 망이 성근 1밀리미터의 체에 걸러, 체 안에 남는 저서생물을 '마크로벤토스'라고 한다. 마크로벤토스에는 갯지렁이와 작은 갑각류 등이 포함된다.

6장

바다의 광물 자원

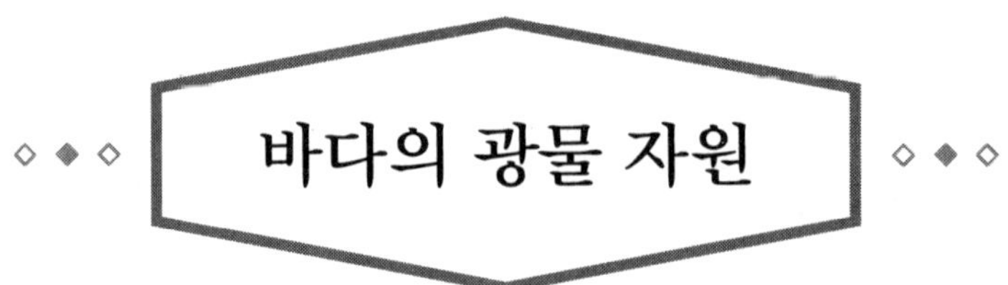

바다의 광물 자원

망간 단괴(manganese nodule)

21세기의 심해 광물 자원이라 하여, 세계 각국들이 그 인양방법과 권리획득을 위해 온갖 노력을 기울이고 있는 망간 단괴는 사실 이미 약 120년 전에 발견되어 이제까지 연구와 시험양광(試驗揚鑛)이 계속되어 왔다.

망간 단괴는 세계의 일부 해역에만 존재하는 것이 아니라 해양을 연구하는 그룹이 준설만 하면 대개의 심해저에서 발견되는 광물이다. 그러나 쉽게 접근할 수 없는 심해라는 악조건 때문에 실용(實用)을 위한 양광이 활성화되지 못했다.

1872년에서 1876년에 걸쳐, 영국의 선박 채린저호는 해양과학 조사를 위해 세계 일주의 탐험 항해에 나섰다. 이것은 해양과학 조사에 관한 최초의 전문적인 조사였다.

이들은 세계의 수많은 해역에서 치밀하게 짠 커다란 포대에 나이프와 같은 테를 두른 채니기(採泥器)를 사용하여 해저의 진흙과 돌 등을 긁어 올렸다.

어느 곳에선가 채니기를 끌어올려 보니, 해저의 진흙 속에 검은 덩어리가 36개나 들어 있었다. 돌처럼 생기기는 하였지만 육상에서 흔히 볼 수 있는 돌과는 다른 무척 무른 돌이었다. 이들은 본국으로 귀환하여 이 검은 덩어리들을 분석해 보았다. 그 결과 대량의 망간과 철을 함유하고 있음을 알았다.

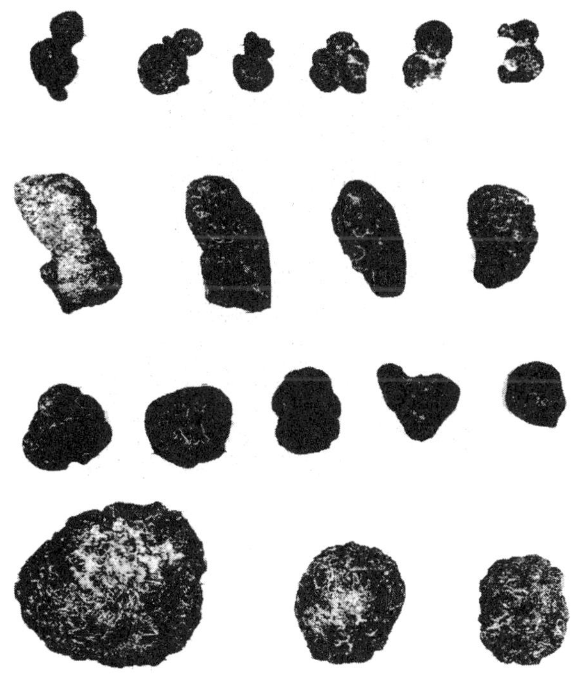

여러 가지 모양의 망간 단괴

그러나 망간 단괴의 발견은 오늘날처럼 중요한 가치로 평가 받지 못하였다. 오늘날처럼 망간이 많이 쓰이지 않아, 굳이 심해의 자원까지 활용해야 할 만큼 금속 자원 사정이 절박하지 않았던 것도 원인의 하나였다.

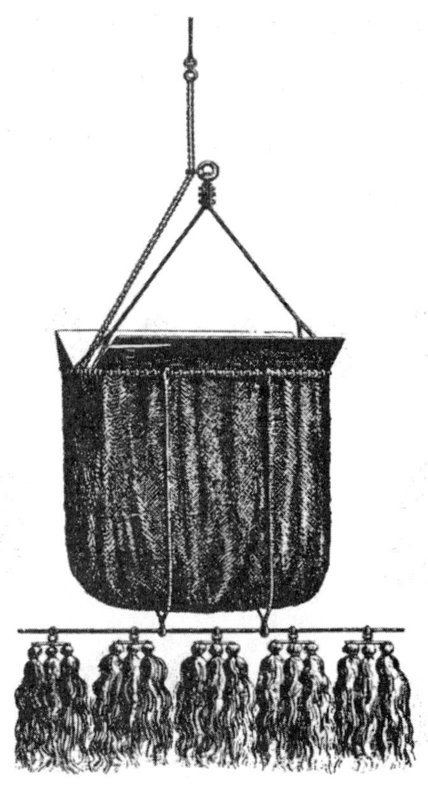

챌린저호가 사용한 채니기

이 무렵 영국은 경제대국이었을 뿐만 아니라 과학기술 면에서도 가장 선진국이었다. 또 자원에 대한 불안을 전혀 느끼지 않았으면서도 이와 같은 탐사를 했었다. 그들의 이러한 용의주도한 정신은 오늘날의 영국, 미국의 자원 조사에도 반영되고 있다. 영국의 북해 해상유전(海上油田)은 석유 파동이 발생하기 이전부터 탐사가 실시되었다. 즉, 그들은 10년 앞, 20년 앞을 미리 대비했던 것이다.

주요 유용 금속의 성분비율(%)

	망간 단괴	코발트 리치 크러스트
망간	28.9	24.7
구리	1.0	0.1
니켈	1.3	0.5
코발트	0.3	0.9
플라티나	–	0.5 ppm

망간 단괴의 성장 속도

해저에 부존하는 망간 단괴는 보통 100만 년에 1밀리미터 내지 200밀리미터 정도 성장한다고 한다. 따라서 현재의 망간 단괴는 몇백만 년 내지 몇천만 년에 걸쳐 만들어진 것이라 할 수 있다. 그러나 우리가 한 가지 유의할 점은, 1억 5천만 년 이상의 오랜 세월에 걸쳐 성장한 망간 단괴는 이론상 존재하지 않는다는 사실이다.

그 이유는, 판구조론에 의해서 1억 5천년 이내에 해저는 해구로부터 맨틀 속으로 침몰해 버렸기 때문이다. 얕은 바다에서는 망간 단괴(크러스트까지도) 성장이 비교적 빠른 것으로 알려져 있다. 과거 탄환의 약협 파편에 3센티미터 두께의 망간 단괴가 성장되어 있는 것이 발견된 적이 있다. 이는 50년 내외에 성장한 것으로 평가되었다.

그러나 수심 4,000미터를 넘는 심해저의 망간 단괴에서는 방사성 동위 원소를 이용하는 방법으로 비교적 엄밀하게 성장 속도를 계산한 결과 100만 년에 수 밀리미터 성장하는 데 불과하다는 결과를 얻었다. 단, 망간 단괴는 한결같이 동일 속도로 성장하는 것이 아니라 때로는 전혀 성장하지 않는 시기도 있다고 한다.

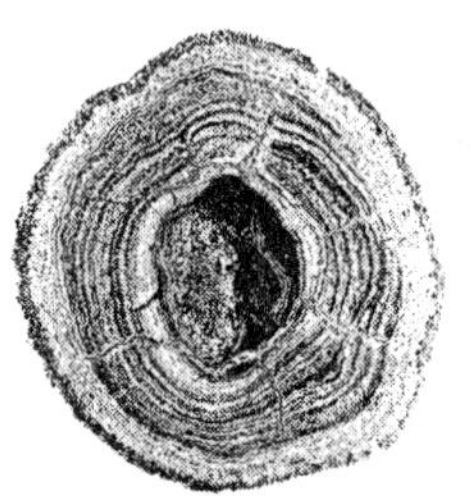

망간 단괴의 단면도

대부분의 망간 단괴는 핵을 중심으로 나이테와 같은 동심원의 모양을 하고 있다. 그러나 그 나이테 모양이 전혀 없는 것도 있고, 있다고 하여도 식물 나이테처럼 해마다 명확하게 한 선을 긋는 것도 아니다. 이 동심원의 모양은 시대에 따른 해저 위치의 차이, 바닷물 상태의 차이를 반영하고 있다.

광물학적 연구에 의하면, 망간 단괴는 망간 산화물, 망간 수산화물, 철 산화물, 철 수산화물, 제올라이트(zeolite)와 점토 등, 여러 가지 규산염 광물로 구성되어 있다. 망간 산화물의 층은 보통 이들 점토 속에 코로이드 상태를 이루어 동심원형으로 발달해 있다. 이들은 대부분 비결정질이기 때문에 고정하기가 대단히 어렵다.

그러나 이제까지의 연구에 의해서, 망간 단괴 광물로는 주로 토드로카이트와 파네사이트(panethite)인 것으로 알려져 있다. 이 밖에 람스

델라이트(ramsdellite)도 포함되어 있다. 이 토드로카이트와 파네사이트는 X선 회절에서 10Å의 곳에 강한 회절선을 갖기 때문에 일명 10옴그스트롬 망가나이트라고도 한다.

이제까지의 조사 결과로 토드로카이트는 망간 단괴가 해저 퇴적물에 묻혀 있는 곳에서 탄생하기 쉽고, 람스델라이트는 망간 단괴가 바닷물과 접하는 곳에서 생기기 쉽다.

또 토드로카이트를 함유한 망간 단괴에서는 망간/철의 비율이 2를 넘고, 니켈과 구리가 풍부하다. 한편, 파네사이트를 함유한 망간 단괴에서는 망간/철의 비율이 1.2 정도이고, 코발트, 납, 티탄이 풍부하게 함유되어 있다.

탐사와 채광기술

해저에 부존되어 있는 망간 단괴를 탐사하는 경우, 심해 텔레비전, 피스톤 코어러, 박스 코어러, 프리폴 그래브(freefall grab), 에어건에 의한 반사법, 음향탐지기, 굴절법 음파탐지기 등, 각종 음파 측심기, 위성과의 교신으로 선박의 위치를 확인하는 NASS(위성측량 시스템), 선상 중력계, 프로톤 자력계(proton magnetometer) 등에 의한 촬영, 계측, 채광, 조사를 실시하게 된다.

음향 측심에는 PDR이라는 심해 음향 측심기가 사용된다. 또 해저의 지형 탐사와 지층 탐사를 위해서는 SBP(sub bottom profiler)와 보톰 소너(bottom sonar)가 사용된다.

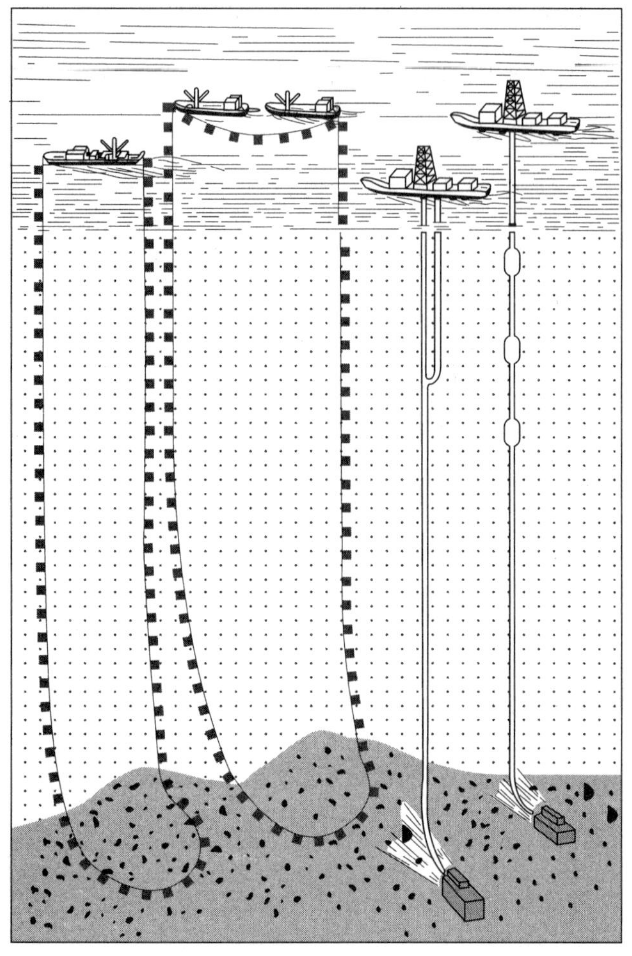

채광방식

망간 단괴의 채광에는 4가지 대표적인 방식이 있다. 왼편에서부터 첫째, 둘째는 연속 버케트 방식이다. 일정 간격으로 드레지(dredge) 버케트를 매달아 망간 단괴를 채광한다. 왼편에서부터 첫 번째 것은 1선식, 두 번째는 2선식이다. 세 번째는 에어 리프트 방식으로, 고압 공기로 선상으로 끌어올리고, 가장 오른편 것은 펌프 섹션 방식으로, 파이프의 중간에 몇 군데 펌프를 사용한다.

세계의 망간 단괴 분포조사는 미국의 우즈홀 해양연구소, 스크립스 해양연구소 및 구소련의 해양연구기관 등에서 실시하였으나 그 상세한 자료는 모든 나라들이 공개를 꺼리고 있다. 특히 공해에서의 망간 단괴 채집에 관해서는 각국의 선행 투자와 기술 수준에 따라 광구와 채광권이 배당되기 때문에 기술 교류가 어려워지고 있다.

심해 텔레비전은 촬영기를 와이어에 매달라 해저 5,000미터까지 내려보내 망간 단괴의 부존 여부를 배 위에서 관찰함으로써 능률적인 채광수단으로 이용된다.

피스톤 코어러와 박스 코어러는 오래 전부터 해저 퇴적물 조사에 사용되어 왔다. 코어라는 말은 본시 심(芯)을 뜻하는 영어로, 지질학에서는 지층을 기둥 모양의 샘플로 취한 것을 코어라고 한다.

단단한 암석층에서 샘플을 취하는 경우는 피스톤 코어러를 사용하면 4~5미터의 기반암 샘플을 채취할 수 있다. 박스 코어러는 큰 상자형으로 생겨, 깊이 3미터 정도의 해저 퇴적물층의 샘플을 채취할 수 있다. 이들 코어러를 선상에서 낙하시켜 해저 곳곳의 퇴적물층 샘플을 채취한 후 각종 분석을 하고 있다.

다음에 프리폴 그래브는 촬영기가 달린 채니기인데, 선상에서 와이어에 매어달지 않고 그냥 떨어뜨리면 해저에 닿은 순간 흙을 품어 안을 듯이 채취한다. 또, 그 직전에 스토로보 장치가 달린 촬영기의 셔터가 열리기 때문에 채취하는 해저의 모습을 촬영할 수 있다.

해저 퇴적물을 긁어 담으면 붙어 있는 20개의 추가 떨어져 프리폴 그래브는 해상에 떠오른다. 선박은 이 프리폴 그래브를 떨어뜨리면서 항해하다가 어느 정도 떨어뜨린 위치에서 회항하면서 그것을 다시 회수한다.

망간 단괴의 광역 부존해역 예찰 조사에서는 이 프리폴 그래브가 많이 사용된다.

코발트 크러스트(cobalt crust)

망간 단괴, 열수 광상(熱水鑛床)과 함께 관심을 끄는 광물로는 코발트 크러스트를 들 수 있다.

코발트를 함유한 크러스트 상태의 것이 열수 광상보다 얕은 해양 바닥에, 특히 바다 산의 사면(斜面) 바위에 홍합처럼 붙어 있으며, 코발트의 함유량은 평균 1.5퍼센트이다. 이는 별로 많지 않은 것 같지만 그래도 지상에 존재하는 코발트광산 광석의 4~5배에 이르는 수치이다.

코발트는 그 내열 특성으로 인하여 제트엔진 등을 만드는 데 불가결한 금속이며, 특히 철과의 합금은 우수한 자성 재료(磁性材料)로 쓰이고 있다. 미국은 자국 내에서 코발트가 생산되지 않으므로 전량 수입에 의존하고 있다. 따라서 코발트 자원에 대한 관심이 매우 크고 프랑스, 독일, 인도, 일본 등도 깊은 관심을 나타내고 있다.

코발트 크러스트는 수심 2,000미터보다 얕은 바다 산의 정상이나 비탈면에 존재하고 있다. 이제까지 알려진 바로는 인도양이나 대서양의 바다 산보다는 태평양 바다 산의 것에 코발트가 보다 많이 함유되어 있다.

독일의 해양관측선인 존네호는 1981년 중앙태평양 해산(海山)군과 라인 제도 북부의 바다 산 위를 면밀하게 조사한 바 있다. 또 미국의 과학자들은 토켈라우 제도, 사모아 제도, 라인 제도, 토아모츠 제도로 둘러싸인 해역에서 많은 코발트 크러스트들을 채취했다.

이 해역은 7,000~8,000만 년 전과 5,000만 년 전에 일어났던 화산 활동으로 생긴 해산군이 존재하는 곳이다. 코발트 크러스트의 기반이 되고 있는 암석은 화성 쇄설암과 인회암(phosphate rock)이다.

이 지역에서 채취되는 코발트 크러스트에는 코발트가 0.5~1.4퍼센트나 함유되어 있어, 망간 단괴에 포함되어 있는 함유량에 비하여 월등하게 많다. 또 망간은 20~30퍼센트, 철은 7~15퍼센트, 니켈도 0.5퍼센트, 백금 1.3ppm이 함유되어 있다.

코발트 크러스트가 함유되어 있는 코발트의 농도와 그것이 부존되어 있는 수심 간에는 좋은 비례관계가 있다. 즉, 3,000미터보다 깊은 곳에 부존되어 있는 크러스터에서는 코발트 함유량이 1퍼센트 이하이지만 1,000미터 이내의 얕은 곳에 부존되어 있는 것에는 2.5퍼센트나 함유되어 있다.

코발트 크러스트의 생성 원인

망간 단괴와 코발트 크러스트는 모두 다 성장 속도가 매우 느린 편이여서, 100년 만에 불과 몇 밀리미터 정도 성장할 정도이다. 이것은 그 속에 함유되어 있는 방사선 농도로 알 수 있다. 재미있는 사실은, 크러스트에 코발트가 침착(沈着)하는 속도는 크러스트의 성장과는 아무런 관계없이 일정하며, 1제곱센티미터 표면에 1,000년에 1마이크로그램이다.

이 값은 1제곱센티미터의 표면에 코발트 원자가 매초 3,000개 도달하면 되는 계산이 된다. 망간의 경우에는 크러스트의 성장 속도가 클수록 일정한 시간에 침착하는 망간의 양이 많아진다.

예를 들면, 크러스트의 성장 속도가 100만 년에 5밀리미터일 때는 망간이 침착하는 속도는 코발트의 50배이다. 니켈의 성장 속도가 느릴 때는 코발트보다 침착 속도가 느리지만 100만 년에 5밀리미터의 성장 속도일 때는 3배가 된다. 이처럼 성장 속도가 빠른 경우에는 망간과 니켈이 그만큼 많이 침착하는 것을 알 수 있다.

망간 단괴의 생성 원인에 관한 연구에 의하면, 망간 단괴가 성장하는 데는 다음 3가지 방식이 있다.

첫 번째는, 바닷물 속에 코로이드 상태로 존재하는 금속의 산화물이 직접 침착해서이다.

두 번째는, 퇴적물 표면 가까이에서 일어나는 것으로, 바닷물 속을 침강하여 온 유기물이 퇴적물 위에서 분해되고, 유기물 속에 포함되어 있던 금속을 방출하여 그것이 단괴에 붙는다.

세 번째는, 해양 표면에 다량의 생물이 발생하여 많은 유기물이 해저에 침적한 경우, 퇴적물 속의 망간이 2가로 환원되어 용해되고, 다시 망간 단괴 위에 침적한다는 것이다.

이 세 번째 경우는 늘 일어나는 것이 아니라 일시적으로 일어나며, 여기서 예기한 세 가지 요인은 대체적으로 망간 단괴의 화학조성 성인

설을 설명하는 데 부합되고 있다.

코발트 크러스트는 망간 단괴와는 달리 퇴적물과는 접촉하지 않기 때문에 첫 번째 성인에 의해서 생성되는 것 같다. 즉, 금속 산화물의 침착으로 만들어지고 있는 것 같다.

코발트 크러스트의 탐사와 채광

미국이 운영하고 있는 해양조사선인 S · P · 리호(길이 약 63미터)는 1미터 정도의 각형(角形) 체인백(chain back) 방식의 드레지(dredge)를 사용하고 있으며, 이 밖에 CTD의 측정장치, 해저용 카메라, 사이드 스케닝 소너 등을 보유하고 있다.

USGS의 하인 박사가 태평양의 네카리디에서 에어컨을 사용하여 해저를 조사하고 드레지한 결과, 크러스트는 두께가 4센티미터이고, 코발트 함유량은 0.6퍼센트였다. 기반암에 고르게 붙어 있는 경우도 있었고, 한쪽에만 붙어 있는 경우도 있었다.

이 크러스트는 부셔지기 쉬운 화산암 위에 두께 4~5센티미터 정도 존재하고, 2층으로 나누어져 있는 것처럼 보였다. 젊은 층은 치밀하고 코발트 함유량이 크고, 중간에 성장 속도가 빠른 혼입물이 많은 층이 있었다. 그리고 늙은 층은 플래티나(platina) 함유량이 많았다. 이것은 역사적으로 위치와 상황이 변한 때문인 것으로 보여진다.

이들 코발트 크러스트를 해양 광물 자원으로 평가해 나가려면 우선 크러스트의 두께가 4센티미터 이상이어야 하고, 코발트의 함유량이

0.8퍼센트 이상인 영역을 선정하여 충분히 조사한 연후 채광 방법을 검토해야 한다.

우선 채광할 곳은 작업하기 용이한 평지여야 할 것이다. 바켓을 사용하는 드레지 방식으로도 트렌스 폰더를 사용하면 오차 1~12미터의 정밀도로 작업할 수 있다.

해수 우라늄

우라늄은 다른 에너지 자원과는 달리 방사능이라는 커다란 위험을 내포하고 있기 때문에 경제적 유익성이 강조되지만 다른 한편에서는 정치적인 비판도 거세다. 그러나 현실적으로, 우리나라 전력의 상당 부분을 원자력 발전이 커버하고 있으므로 그 원료가 되는 우라늄에 관심을 갖지 않을 수 없다.

한편, 육상에서 획득 가능한 우라늄 자원은 극히 한정되어 있고, 바닷물에는 육상의 자원보다 800배나 많은 우라늄이 포함되어 있는 것으로 알려지고 있다. 이와 같은 연료 우라늄에 대하여 그 확보 저망을 밝혀 두는 것은 에너지 자원의 빈약국인 우리나라로서는 뜻있는 일이기도 하다.

천연으로 존재하는 우라늄은 U_{238}, U_{235}, U_{234} 등, 세 종류의 동위체 혼합물로 이루어져 있다. 이 밖에 U_{237}에서 U_{240}까지 11종의 동위체가 있지만 이것들은 인공적인 핵반응으로서만 만들어진다. 동위체(同位體)란, 화학적 성질은 거의 같지만 그 질량수(質量數)가 약간 다른 원소를 이른다.

천연 우라늄 중의 존재량은 U_{238}이 대부분이며 원자비(原子比)로 환산하여 99.276퍼센트를 차지하고 있다. 다음으로 많은 것은 U_{235}로, 0.71퍼센트를 차지하고 U_{234}는 0.0056퍼센트 존재한다.

천연 우라늄 속에 약 72퍼센트 포함되어 있는 U_{235}는 특히 중요하다. 이것은 저속 중성자(中性子)가 핵분열을 일으켜 다량의 에너지를 발생하기 때문이다. U_{235}가 완전 핵분열하면 1킬로그램당 약 2,200만kW/h의 열에너지를 발생한다.

더욱 유리한 점은 U_{235}는 핵분열하여 에너지를 발생할 뿐만 아니라 1분열당 2개 이상의 중성자를 발생하여 연쇄반응을 일으키는 동시에, 천연 우라늄 중의 대부분을 차지하고 있는 U_{238}을 U_{235}와 마찬가지로 저속 중성자로 핵분열을 일으키는 플루토늄(Pu) 239로 변환한다.

중성자를 n으로 나타내면 이들 반응은 다음과 같이 쓸 수 있다.

$$^{235}U+n \rightarrow 2\text{종의 핵분열 생성물}+2.5n+200MeV\ \text{에너지}$$

$$^{235}_{92}U+n \rightarrow {}^{239}_{92}U+\gamma\text{선},\ {}^{239}_{92}U(\beta\text{붕괴}) \rightarrow {}^{239}_{92}Np(\beta\text{붕괴}) \rightarrow {}^{239}_{94}Pu$$

이것이 우라늄이 원자로에 사용되는 이유이다.

해수 중의 우라늄 존재 상태와 양

바닷물에 함유되어 있는 우라늄의 농도는 지구 상 어디서나 거의 일정하여 대략 3.3ppb 정도이다. 이 농도는 놀라울 정도로 희박하여 인간이 바닷물을 마신다고 하여도 아무런 피해가 없다.

다만 바닷물 속에 많이 함유되어 있는 나트륨과 마그네슘, 칼슘, 칼륨 같은 원소는 각각 Na^+, Mg^{2+}, Ca^{2+}, K^+처럼 플러스의 전하를 갖는 양이온의 형태로 바닷물 속에 존재하는 데 비해, 우라늄은 바닷물 속에 다량으로 녹아 있는 탄산 우라닌 $UO_2(CO_3)_3^{4-}$라는 마이너스의 전하를 갖는 음이온형 착염(complex salt) 상태로 녹아 있기 때문에 적절한 방법으로 이것을 선택적으로 회수할 수 있다.

또, 우라늄의 농도가 거의 일정하다고는 하지만 바닷물의 증발 때문에 적도 바로 아래에서는 보다 짙고, 남북 양극에 접근할수록 약간 엷어지는 경향이 있다.

염분의 농도도 같은 경향이 있기 때문에 바꾸어 말하면, 우라늄의 농도는 염분의 농도에 비례한다고 하여도 틀린 표현은 아니다. 또, 우라늄의 농도는 해안에서 가까운 바다와 내해에서는 하천수의 유입으로 낮은 경향이 있다.

바닷물에 함유되어 있는 우라늄의 총량은 약 49억 톤 정도인 것으로 알려져 있다. 그러나 이 우라늄을 회수하는 공장을 만들려면 그 위치는 신선한 바닷물이 끊임없이 공급될 수 있는 곳이어야 한다.

가령, 해만 같은 곳에 공장이 지어진다면 우라늄을 채취하여 농도가 엷어진 바닷물이 다시 회수될 수 있기 때문에 신선한 바닷물을 계속 확보하기 어렵다. 일정 방향으로 흐르고 있는 해류가 가까이에 있는 곳이면 매우 유리하며, 이 해류에 비해서 와류나 조류, 파랑 등은 유용성이 덜하다.

세계의 주요 해류와 그 연간 우라늄 자원량

해류	평균속도 (cm/s)	유량 ($10^6m^3/S$)	온도 (℃)	우라늄 자원량 (톤/연)
쿠로시오	125~225	50	18~26	53×10^5
쿠로시오 외연	125	100	16~18	106×10^5
플로라다 해류	210 : 160	34	23~25	37.1×10^5
카리브 해류	110	100	15~25	106×10^5
북대서양 해류		35	10~15	37.2×10^5
남적도 해류(인도)	10~30	40	27~29	42.5×10^5
소말리아 해류	70	65	26~26.5	69×10^5
아가르하스 해류	70	80	22~25	86×10^5

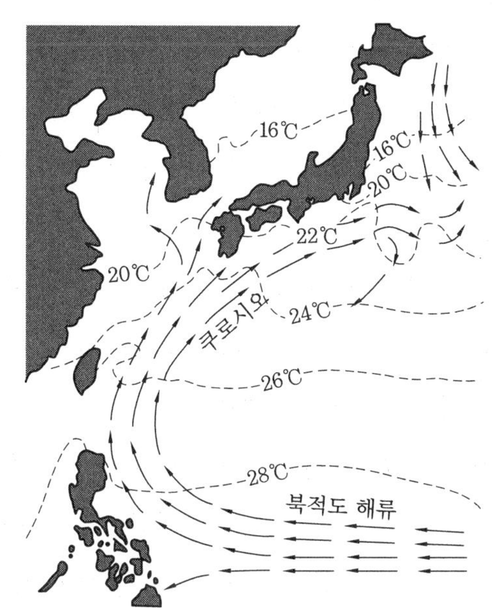

극동 지역의 해류도

해수 우라늄 채취방법

바닷물에서 우라늄을 채취하려면 우선 바닷물부터 처리해야 하는데, 그 양이 너무나 많기 때문에 바닷물에 여러 가지 시약을 가하기가 곤란하다. 따라서 보통 바닷물 그대로의 pH와 염분 농도로 추출할 수밖에 없다. 이런 점에서 미국에서 개발한 코로이드 부선법은 바닷물의 본래 pH가 8.4 정도인데, 그것을 약간 산성인 5pH로 해야 하기 때문에 실용상 적합하지 않다.

두 번째로, 추출에 사용되는 약제는 안정되고 바닷물에 녹지 않아야 하며, 화학적으로도 안정될 뿐만 아니라 생물 등에 의해서도 분해되지 않고 수명이 긴 것이어야 한다.

세 번째로, 추출제는 대량으로 사용되기 때문에 가격이 저렴하고 대량으로 생산할 수 있는 것이어야 한다.

네 번째로, 추출제의 형상은 대량의 바닷물에 접촉시키는 데 적합한 것이어야 한다.

끝으로 추출제는 추출 혹은 흡착 능력이 커야 하고 속도도 빠를 뿐만 아니라 추출제로부터 우라늄을 탈리, 회수할 때도 능률적으로 적은 비용으로 처리할 수 있는 것이어야 한다.

이제까지 제안된 해수 우라늄 채취방법을 분류하면 다음과 같다.

첫째로는, 공침법(共沈法)이 있다. 이 방법은 일명 응집법이라고도 하며, 화학분석 때의 공침법과 마찬가지로 바닷물에 침전제를 가하면 그것이 우라늄을 회수하면서 응집입자가 되어 아래로 침전하는 것을 밑에서 받아 회수하는 방법이다.

조건이 갖추어지면 회수율은 높일 수 있지만, 이 경우 응집입자의 지름을 작게 하지 않으면 회수율이 향상되지 않고, 그렇다고 해서 작게 하면 침강속도가 느려져 회수에 시간이 걸리므로 공업적으로 불리한 모순이 있다.

무기 혹은 유기 물질을 흡착제로 사용하는 흡착법이 개발되어, 각종 새로운 흡착제가 개발되는 등, 공업적으로 유명한 회수법으로 기대된다.

부선법은 계면활성제라든가 응집제를 바닷물 속에 가하고 아래쪽에서 가입 공기 등을 불어내어 기포와 함께 우라늄을 모아 위로 부상시키는 방법인데, 일반 금소의 제련에 사용하는 부선법과 마찬가지이다. 기포가 작을수록 우라늄의 회수율이 향상되는 데 반해, 기포가 작으면 시간이 걸려 공업적으로 비능률적인 모순이 있다.

용매 추출법은 우라늄 제련에 쓰이는 방법과 마찬가지로 디브틸 인산(dibutyl phosphoric acid) 같은 유기 용매를 우라늄을 함유한 바닷물과 접촉시켜 용매 쪽에 우라늄을 추출, 분리하는 방법이다. 이 방법은 일반적으로 추출률은 좋지만 대부분의 경우 미량이기는 하지만 용매가 바닷물에 녹아들고 접촉하는 바닷물의 양이 방대하기 때문에 그로 인한 손실이 경제적인 측면과 환경오염 측면에서 무시할 수 없다.

생물 농축법은 독일의 유릿히 원자력연구소에서 개발한 해조류의 일종인 녹조라든가 일본의 미야자키(宮崎) 의과대학에서 연구한, 스트레프트마이세스 같은 상선균(actionmycete), 혹은 클로레라 등의 미세

조류 같은 생체물이 바닷물 속의 우라늄을 흡수 농축하는 작용이 있음을 이용하는 방법인데, 어느 정도의 영양과 태양의 빛만 있으면 생체가 자연 증식하는 이점이 있지만 모두 형체가 미세한 관계로 해수와의 접촉과 그 후의 공업적 회수에 어려움이 있다.

여러 가지 점을 종합적으로 검토하여 볼 때 현재로서는 무기 또는 유기 흡착제를 사용하는 흡착법이 공업적으로 가장 유망하다.

메탄 하이드레이트

지구상에서의 1차 에너지 이용은 19세기에는 석탄(고체)이, 20세기에는 석유(액체)가 주된 역할을 하였다. 그리고 이 21세기에는 천연가스(기체)로 전환될 것으로 전망된다. 이러한 흐름 속에서, 그 자체 부피의 164배에 이르는 메탄가스를 함유하고 있는 메탄 하이드레이트(methane hydrate, 이하 MH로 표기)에 관심이 높아지고 있다.

일명 '불타는 얼음'으로도 불리워지는 메탄 하이드레이트(MH)는 저온 고압 아래에서 물분자가 메탄분자를 바구니 모양으로 수용한 고체상의 물질(수화물)이다. 이 분자식은 $CH_4-5.75H_2O$로 표기되고, 밀도는 $0.91g/cm^3$이다.

이 메탄 하이드레이트 속에는 메탄이 대량 함유되어 있으며, 지하에서 1세제곱센티미터(각설탕 크기)의 MH에서는 1기압 상태에서 164세제곱센티미터의 메탄가스를 회수할 수 있다. 그러나 이 메탄은 MH 부피의 20퍼센트이고 나머지는 80퍼센트는 물이다.

하이드레이트를 형성하는 게스트분자*는 메탄분자에 국한하지 않는다. 아래 그림에 보인 바와 같이, 분자의 사이즈가 3.8Å의 아르곤에서 6.5Å의 부탄까지 여러 종류가 있다(1Å=0.1nm). 분자 사이즈가 메탄에 가까운 이산화탄소 CO_2도 쉽게 하이드레이트를 형성할 수 있다.

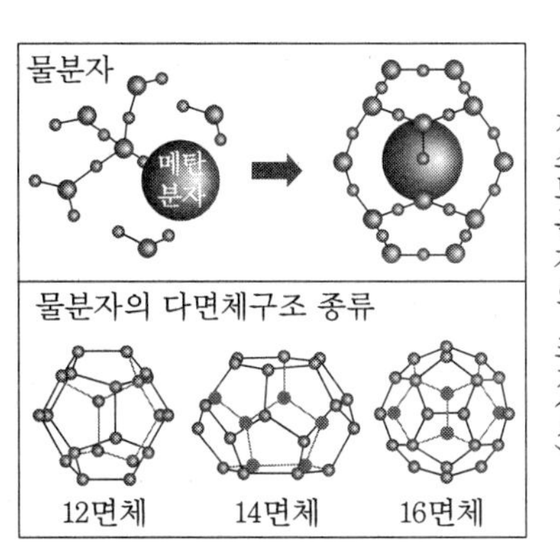

• 12면체 구조와 14면체 구조가 조합하여 형성되는 결정구조를 Ⅰ형이라 한다
• 12면체 구조와 16면체 구조가 조합하여 형성되는 결정구조를 Ⅱ형이라 한다

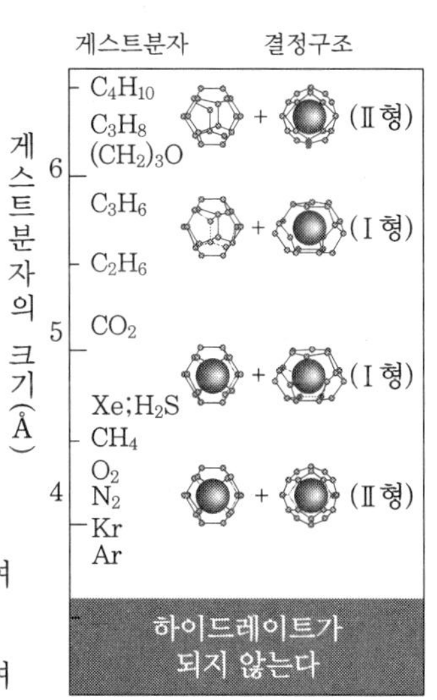

하이드레이트의 구조

MH는 저온 고압 조건에서는 안정적으로 존재하지만 우리가 생활하고 있는 지표 조건에서는 분해하면서 주위의 열을 빼앗는 흡열반응을 일으킨다.

또 분해하여 생성된 물은 얼음의 박막을 형성하기 때문에 MH는 상

***게스트분자** : 물분자의 바구니 속에 수용된 분자를 말함

압하 마이너스 20℃ 정도에서 창고에 오래 보관할 수 있는 자기보존성을 갖는다.

시베리아와 알래스카, 캐나다의 영구 동토지대(凍土地帶)의 지하 100~1,000미터의 퇴적물 속에서는 메탄농도가 높아지면 메탄은 기체가 아닌 고체 물질, 즉 메탄 하이드레이트가 되어 매장되어 있다.

온대(溫帶)의 소호지(沼湖地)에서 메탄가스가 발생하여도 메탄 하이드레이트는 생성되지 않는다. 그러나 온대일지라도 해양의 1,000미터 정도 저온 고압의 심해저에서는 해저에서 수십 미터~수백 미터의 두께에서 메탄 하이드레이트는 안정적으로 존재할 수 있다.

심해 퇴적물은 해저 직하에서는 바닷물과 마찬가지로 저온이지만 깊어지면 점차 온도가 높아져 메탄 하이드레이트가 존재할 수 없게 된다.

1967년에 세계 최초로 천연가스 하이드레이트 암석 자료가 시베리아의 야크츠 영구 동토지대에서 채취되었다. 그리고 1974년에는 캐나다의 매캔지 델타에서도 얕은 모래질층에 천연MH가 매장되어 있는 것이 발견되었다.

해역에서의 MH 조사로는 1968년에 시작된 국제심해굴착계획의 오랜 활동 중, 1980년 무렵부터 심해에 대한 관심이 깊어져 반사법 지진 탐사와 심해굴착, 혹은 잠수조사 등 다양한 기법에 의한 해양 조사가 추진된 결과 멕시코 앞바다, 과테말라 앞바다, 브레크 해령, 코스타리카 앞바다, 페루 앞바다, 올레곤 앞바다 등의 해저 퇴적물에서 천연MH의 샘플이 회수되었다.

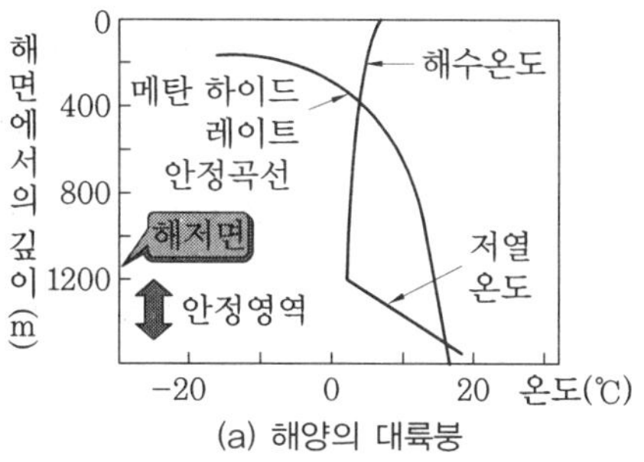

(a) 해양의 대륙붕

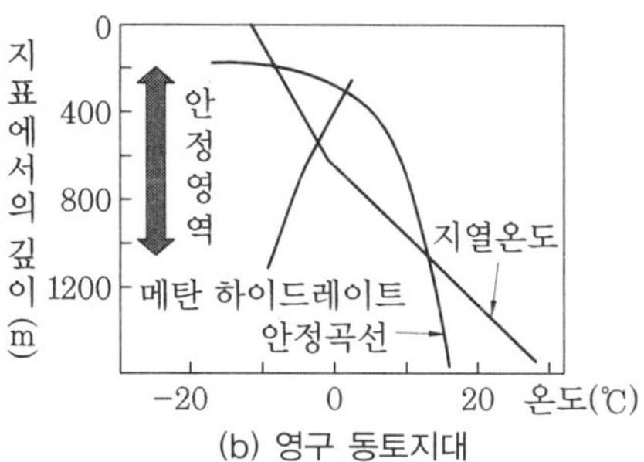

(b) 영구 동토지대

메탄 하이드레이트의 추정 안정영역

불타는 메탄 하이드레이트

2002년 봄 미국, 캐나다, 독일, 인도, 일본의 국제 공동연구로 캐나다의 매켄지 델타 Mallik 5L-38호정에서 지하 약 907~920미터의 메탄 하이드레이트층에 90℃의 열수를 순환시켜, 지하에서 MH가 분해되어 발생한 메탄가스를 순환수와 함께 지상으로 회수하는 생산시험이 실시되었다.

메탄가스 회수량은 하루에 약 100세제곱센티미터의 적은 양에 불과하였지만 세계 최초로 메탄가스를 지상으로 회수하였는다는 점에서 큰 의미가 있다.

열수(熱水) 분출공

중앙 해령(中央海嶺)은 해저 화산이 이어진 곳인데, 육상의 화산 가까이에는 으레 온천이 있기 마련이다. 마찬가지로 해저 화산 가까이에도 해저 온천이 존재한다.

탄생한 지 얼마 되지 않은 해저의 지각 속으로 바닷물이 스며들면 마그마의 열에 의해서 가열되어 해저로 솟아 나온다. 이와 같은 해저 온천을 일반적으로 해저 열수라고 한다.

해저에서는 온천이 솟아 나오는 곳을 한눈으로 바로 알 수 있다. 왜냐 하면, 온천의 분출구가 마치 굴뚝 모양으로 솟아 있기 때문이다. 이를 열수 분출공라고도 한다.

열수 분출공의 굴뚝은 고온 고압으로 열수에 용출(溶出)된 암석 성분이 수온 2℃의 바닷물에 분출할 때, 격렬한 화학 반응을 일으켜 형성된 것이다. 열수에는 황화수소가 함유되어 있다.

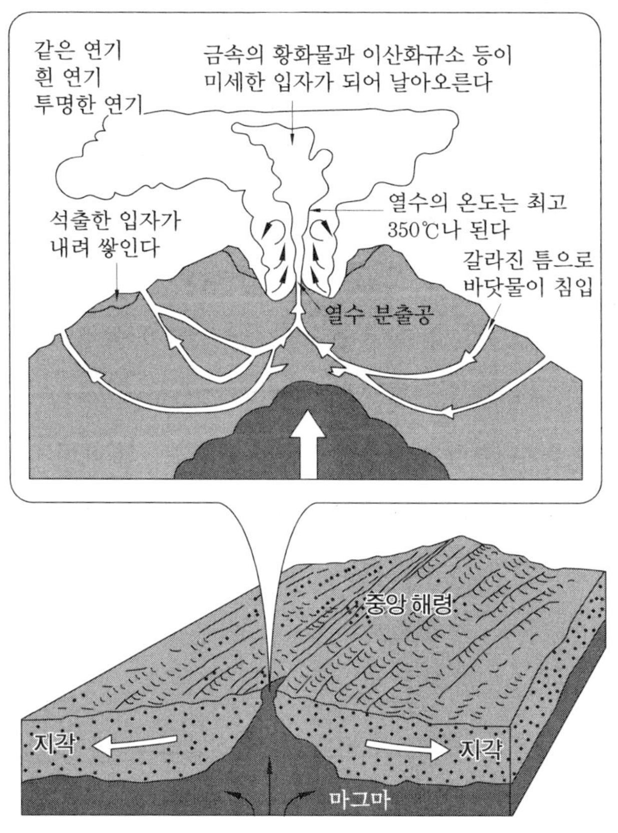

황화수소를 함유한 열수

바닷물 중의 황산이온과 열수 중의 칼슘이온이 반응하여 경석고($CaSO_4$)가 석출하여 굴뚝을 형성하게 된다. 열수에 녹아 있던 금속인 황화물과 이산화규소도 온도와 pH의 급격한 변화로 더 이상 물에 녹아 있지만 않고 미세한 입자로 되어 날아오르게 된다.

이것이 검은 연기처럼 보이는 경우를 **블랙 스모커**, 흰 연기처럼 보이는 경우를 **화이트 스모커**, 투명하게 보이는 경우를 **클리어 스모커**라고 한다. 연기의 색깔 차이는 그 성분의 차이에서 비롯된다.

열수의 최고 온도는 350℃나 된다. 이 정도 고온에서도 열수가 액체 상태로 존재하는 것은 높은 수압 때문에 이 온도에서도 바닷물이 끓는 점에 이르지 못하기 때문이다.

해수를 화학분석한 결과, 계산상 300만 년이면 바다 전체에 해당하는 물이 열수 분출공을 통하여 교체된다는 사실을 알게 되었다. 열수 분출공의 존재가 바닷물 성분에 영향을 미치고 있는 것이다.

또 열수 분출공 주위(열수 분출역)에는 황화수소를 에너지원으로 하는 특이한 생태계가 형성되어 심해의 귀중한 오아시스를 이루고 있다.

7장

심해의 세계

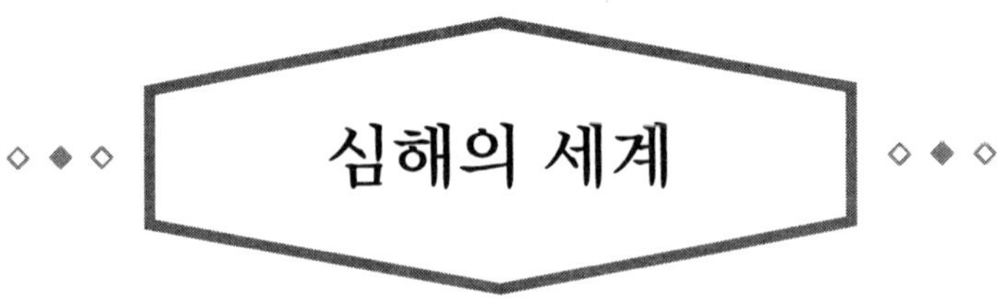

심해의 세계

해양 관측의 방법

광대한 바다를 보다 자세하게 알기 위해서는 실제로 해양을 관측하여 필요한 정보를 얻는 것이 첩경이다.

가장 기본적인 정보로는 많은 해역에서 표층에서부터 심해까지의 수온과 염분의 농도, 또 이산화탄소(중탄산이온 · 탄산이온), 영양염 농도, 용존 산소 농도 등을 정밀하게 측정한다.

관측 방법은 크게 나누어 2종류가 있다. 그 하나는 '플로트(float)'라고 하는 표류형의 관측 장치와 해저에 계류한 관측 부이로 자동 계측하는 방법(단, 현재로서는 수심, 수온, 전기 전도도 등의 물리 계측뿐)이고, 다른 하나는, 관측선을 사용하여 사람이 현장 바다에서 측정하는 방법이다.

관측선에 의한 관측에서는, 채수기를 크레인에 매어달아 바닷속으로 내려서, 채수기에 장치되어 있는 CTD 센서로 염분의 농도, 수온, 수심을 계측하는 동시에 수심마다 바닷물을 채수한다.

이 채수기를 선박 위로 끌어올려, 선상의 연구실에서 이산화탄소와 영양염, 용존 산소량 등을 화학 분석한다.

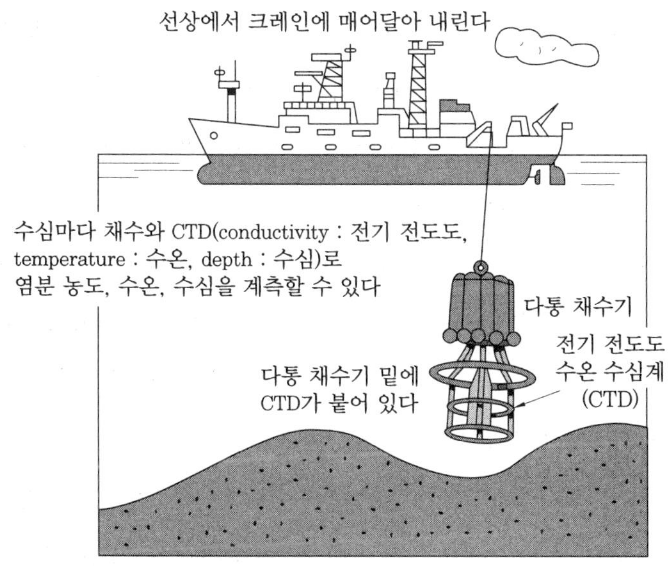

바다에 관한 각종 정보를 관측한다

관측을 되도록 효율적으로 하기 위해 전문 관측기술자에 의해 2교대, 24시간 체제로 정밀한 관측이 실시된다. 수온은 0.001℃까지, 염분 농도도 0.001℃의 높은 정밀도로 기록한다.

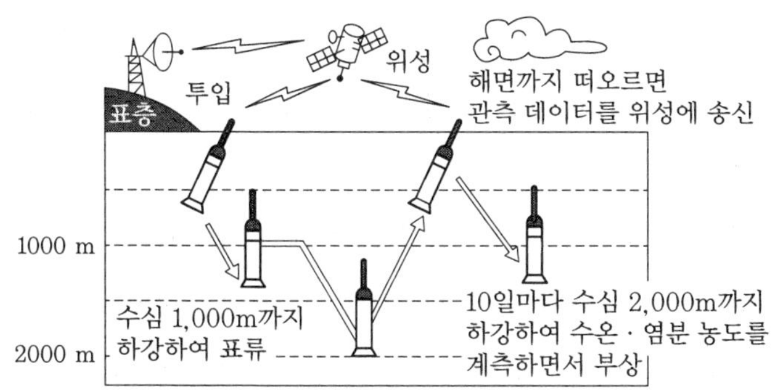

아르고 플로트의 구조

특히 중요하거나 관심 해역(예를 들면, 엘니뇨의 태평양 적도역이라든가 아시아 몬순(asia monsoon)의 동인도양 서부 등)에서는 같은 장소의 시간 변화를 기록하는 데이터가 필요하기 때문에 관측 부이에 의한 장기 관측이 이루어지고 있다.

또 표층에서 수심 2,000미터까지의 수온 · 염분 농도를 자동계측하여, 그 데이터를 리얼타임으로 위성통신에 의해서 자동적으로 육상으로 송신하는 아르고(argo)라고 하는 플로트가 세계 각국의 협력으로 약 3,000개나 가동하고 있다.

보통은 수심 1,000미터를 표류하여 10일에 한 번, 2,000미터까지 침강하여 바닷물의 수온, 염분 농도 · 압력 데이터를 측정하면서 해면까지 부상하는 사이클로 관측을 실시하고 있다.

유인 잠수선

직접 눈으로 심해의 모습을 보고자 할 때, 그 유일한 수단은 잠수선을 타고 심해로 가는 수밖에 없다. 잠수선 콕피트(cockpit)에는 전방창 혹은 뷰포트라고 하는 지름 12센티미터 정도의 원형 창이 있어, 창 너머로 심해를 관찰할 수 있다.

1948년에 인류 최초의 유인 잠수선인 바티스카프(bathy-scaphe)가 탄생한 이래, 유인 잠수선을 이용한 관측으로 수많은 발견이 이루어졌다.

하지만 1964년에 들어와서는 최대 심도 1,829미터까지 잠수가 가능한 미국의 '알빈'이 탄생하고, 1989년에는 일본의 심해 탐사선 '신카이

6500'까지 탄생하여 무인 탐사기의 성능이 크게 향상되었다. 이 최신 탐사선들에는 정밀한 영상을 촬영할 수 있는 카메라와 자유자재로 동작시킬 수 있는 머니퓰레터(manipulators)가 탑재되어, 무인 탐사기에 대한 기대가 더욱 높아졌다. 운용비용과 안정성 면에서 무인 탐사선은 유인 탐사선에 비교할 수 없을 정도로 유리하기 때문이다.

유인 잠수선의 주요 역사

기원전 330년	알렉산더 대왕이 유리로 만든 bell을 타고 바닷속에 들어갔다
1620년	네덜란드의 발명가 코르네리우스 드레벨이 처음으로 잠수선을 이용하여 5미터 잠수
1690년	에드몬드 헬리(헬리해성의 발견으로 유명한 천문학자)가 잠수벨을 타고 템즈강에 들어가 잠수
1948년	인류 최초의 유인 잠수선 '바티스카프' 탄생
1960년	제크 파카르와 도날드 웰쉬가 바티스카프 '트리에스테호'로 마리아나 해구의 챌랜워 해연 10,916미터에 도달
1964년	미국의 '알빈'이 탄생 당시 최대 잠수 가능 심도 1,829미터
1971년	로버트 플튼이 잠수선 '노티라스'를 건조
1989년	일본의 '신카이 6500'이 탄생

예를 들면, 이미 잘 알려져 있는 해역에서의 시료 채취 등, 무인 탐사기에서 보내오는 영상만으로도 충분한 경우가 많이 있다.

그러나 다른 한편, 넓은 시야에서 바다를 바라보거나 입체적으로 사물을 보는 능력에서는 육안으로 보는 것이 훨씬 뛰어나기 때문에 유인 잠수선이 우수하다. 즉, 이용 목적에 따라 양자를 선택, 이용하게 되었다.

깊은 바다라는 특별한 세계에까지 도달할 수 있다는 것은 참으로 흥미진진한 체험이다. 특히 앞으로 이 분야에 진출하려는 사람들에게는 귀중한 체험이 될 것이다.

영상을 통하여 다른 나라의 모습을 아무리 감상하여도 실제로 그곳을 방문하지 않으면 그곳의 풍토를 느끼고 이해하지 못하는 것과 마찬가지이다.

해양 음향 토모그래피

바닷속을 전파하는 소리는 SOFAR 채널에 들어가면 느리게 멀리까지 전파된다.

그러나 SOFAR 채널 밖을 전파하는 소리도 존재하여 심층과 표층을 반사와 굴절을 되풀이하면서 전파되어 온다.

그러므로 바닷속에서 하나의 소리를 내어도 많은 경로가 존재하므로 많은 소리로 갈라진다. 산에서 '야호' 하고 소리치면 메아리로 많은 소리가 되어 멀리까지 전파되는 것과 비슷하다.

단, 산의 메아리는 시간과 더불어 소리가 작아지지만 바다의 메아리는 그 반대이다. 가장 최후에 가장 큰 소리가 전파된다.

그 이유는, 소리가 빠르게 전파되는 층을 거쳐 온 소리는 당연히 먼저 도착하므로 에너지가 감소되어 있다. 그에 비하여 SOFAR 채널을 통과하여 온 소리가 가장 늦게 도착하여 에너지가 가장 크기 때문이다.

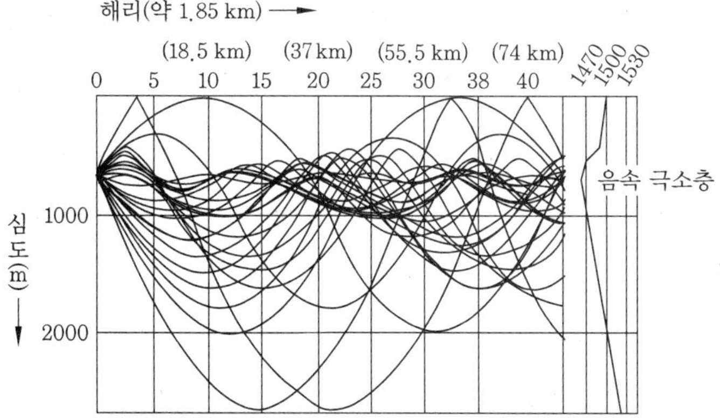

깊이 700미터에 음속 극소층이 있을 때의 음파 전파(한 음원을 나온 소리는 바닷속의 다양한 경로로 전파한다.)

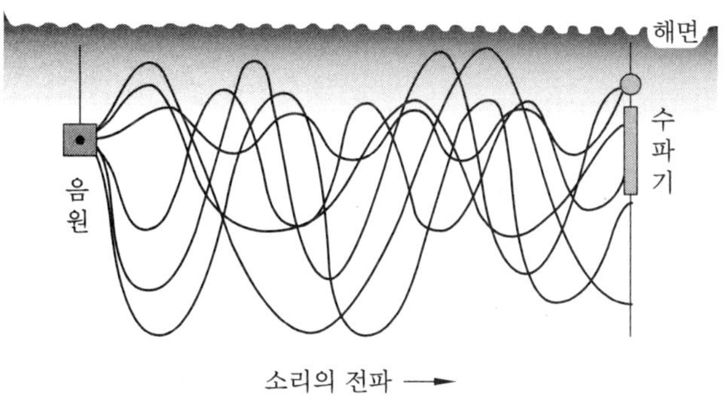

바닷물의 온도에 따라 바닷속을 전파하는 소리의 속도가 변하는 것을 이용하여 경로에 따른 소리의 도착 시간 변화를 계측함으로써 바닷물의 온도 분포를 알 수 있다.

바닷속을 다른 경로로 전파되어 온 소리의 도착시간은 도중의 바닷물 온도에 따라 변화한다. 따라서 그 전파시간의 변화를 바탕으로, 경로상의 음속의 변화를 컴퓨터로 계산하면 역으로 바닷속의 온도 분포를 알 수 있다. 이것을 계산하는 것이 '해양 음향 토모그래피'이다.

이 해양 음향 토모그래피(tomography)는 우리의 신체 내부를 검색하는 CT(computed tomography)와 유사하다. CT는 검색하고자 하는 대상에 초음파나 X선 등을 쪼여 통과하여 온 신호의 도착시간 차이로 구조를 살펴보는 기술이다.

해양 음향 토모그래피도 음파의 도착시간 차이로 발신기에서 멀리 떨어진(1,000킬로미터에 이르는 먼 거리) 수신기까지의 해양 온도를 검출한다.

단, 사용하는 주파수대가 고래 등의 해양 동물에 나쁜 영향을 미친다는 주장도 있다.

인공위성에서 본 심해저의 모습

최근에는 인공위성에서 심해저의 요철(凹凸)을 보는 방법도 개발되었다. 우주 공간이라는 아득히 멀고 높은 곳에서 어떻게 지구의 해저 요철은 볼 수 있다는 것인지, 쉽게 믿어지지 않을 것이다.

하지만 분명히 해면을 볼 수 있다. 게다가 정밀하게…….

우리가 항공기의 창을 통하여 보면 해면은 지평선을 따라 컴퍼스를 이용하여 그린 듯 평탄하게 보인다. 그러나 실제로는 지구 중력의 얼룩으로 약간의 요철이 있다. 그리고 이 중력의 얼룩이 생기는 원인의 하나는 해저 지형이다.

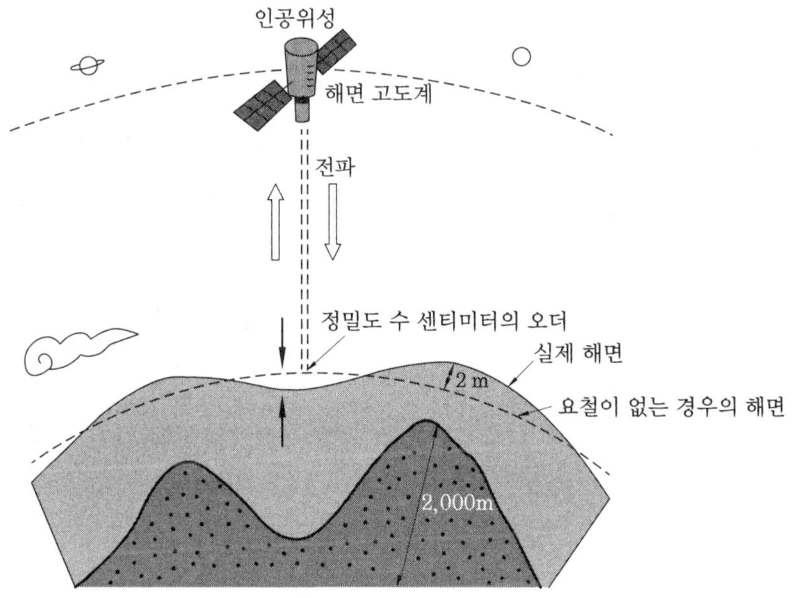

인공위성에서 본 해면

예를 들면, 깊은 해구(海溝)처럼 해저가 움푹 파인 곳은 그렇지 않은 곳에 비하여 인력(引力)이 작기 때문에 중력으로 끌어당겨지는 바닷물이 약간이기는 하지만 적어서 해면이 파이게 된다. 반대로 큰 해령(海嶺)과 같은 돌기 부분에서는 인력이 약간 크기 때문에 바닷물도 많아, 해면이 볼록하게 솟아오른다. 즉, 해저의 요철에 따라 해면이 약간 울퉁불퉁하게 된다. 이 변동은 극히 작을 것이라고 생각하기 쉽겠지만 사실은 그렇지 않다. 가령 해저에 2,000미터 높이의 산이 있다고 한다면 해면은 2미터 솟아오른다.

이 해면의 요철은 인공위성에 탑재한 해면 고도계로 계측한다. 원리는 다음과 같다.

지구 중심과의 거리를 정확하게 알고 있는 인공위성에서 마이크로파 레이저로 전파를 발사한다. 그 전파가 해면에서 반사되어 인공으로 돌아오기까지 걸리는 시간으로 해면의 요철을 정밀하게 측정하게 된다. 정밀도는 수 센티미터 정도이다.

계측한 해면의 요철 데이터로, 다른 요인들(해류, 조석, 파도, 대기 등)을 제거하면 해저 지형이 부각된다. 이는 음향 측심에 비하여 간접적이기 때문에 정확도가 떨어지지만 음향 측심으로 계측하기 어려운 해역의 계측에는 효과적이다.

해저의 지형

해저 지형도를 보면 태평양, 대서양, 인도양, 북극해, 남빙양 등, 어디서나 해저에는 일정한 유형이 있음을 알 수 있다. 우선 해저는 크게 3부분으로 나누어 고찰할 수 있다.

대륙에서 이어지는 얕은 영역인 '대륙 둘레부', 대륙에서 떨어진 깊고 평탄한 '심해 평원', 대양의 거의 중앙에 있는 거대한 산맥인 '중앙 해령'으로 나눈다.

해저는 연안에서 '대륙 둘레부' → '심해 평원' → '중앙 해령' → '심해 평원' → '대륙 둘레부' → '맞은편 쪽 연안'의 구조를 이루고 있다.

이 중에서 심해 평원과 중앙 해령은 거의 모든 바다에서 같지만 대륙 둘레부는 장소에 따라 두 종류를 볼 수 있다. 그 하나는 급하게 깊어져 있는 패턴이고, 다른 하나는 완만한 대륙붕이 있는 패턴이다. 이것은 대륙 둘레부가 판 경계에 가까운가, 먼가의 차이로 발생한다. 그래서 대륙의 둘레부를 둘로 나누어서 고찰하여 보자.

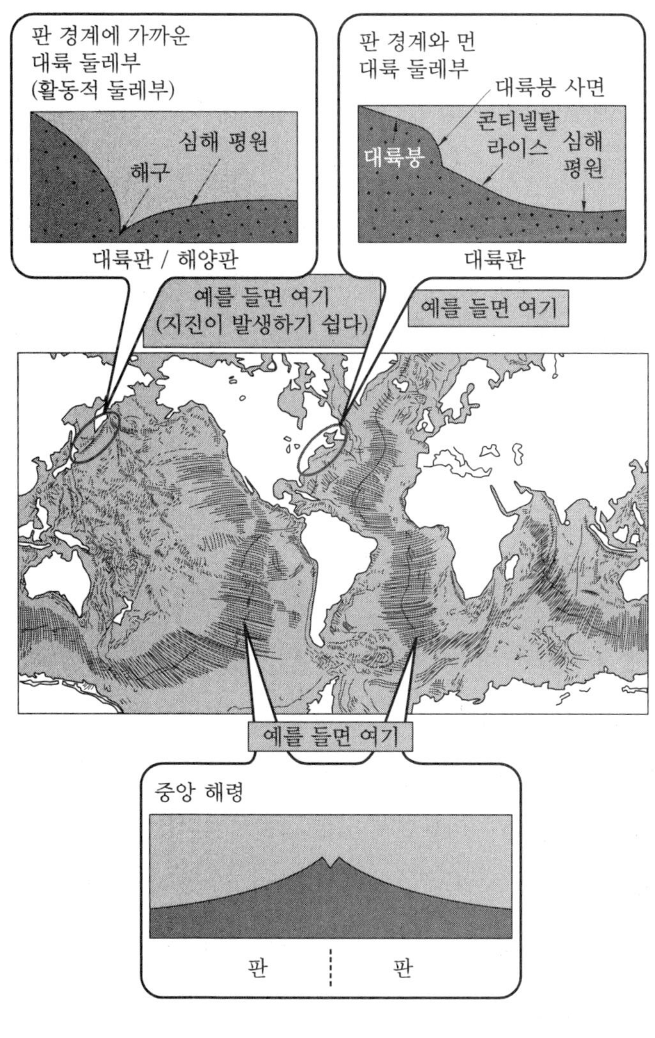

해저의 지형과 판

대륙 둘레부가 판 경계에 가까운 경우, 대륙 둘레부는 해양판이 대륙판 밑을 파고들 판 활동에 관계되기 때문에 대륙붕이 좁고, 대륙 사면도 급한 구배가 된다. 그리고 난바다에는 판의 경계를 나타내는 해구가 존재하여 지진 또는 화산 활동이 활발하다. 이와 같은 대륙 둘레부를 '활동적 둘레부'라고 한다.

반대로, 대륙 둘레부 경계에서 멀리 떨어져 있는 경우, 대륙 둘레부는 판 활동과는 아무런 상관이 없다. 이와 같은 장소는 넓은 대륙붕과 대륙붕 사면, 콘티네탈라이스(continetal-rise), 즉 대륙 사면에 있는 평활한 사면이 존재하고 그 후 매끈하게 심해 평원으로 이어진다. 판의 활동 영역은 아니므로 지질적으로 안정되어 있어 지진이나 화산 활동이 없다.

심해의 깊이

바다의 가장 깊은 곳은 어디에 있으며, 얼마나 깊을까? 이제부터 이 숙제를 푸는 길로 나서보자.

20세기에 세계에서 가장 깊은 마리아나 해구(괌도의 남서쪽 약 390킬로미터)를 탐사하기 위해 세계 여러 나라가 도전하였다.

그리하여 1995년 일본의 해저탐사선 '가이코우'에 의한 계측으로 북위 11도 22.394분, 동경 142도 35.541분에 위치한 챌린저 해연(해연은 해구 가운데 특히 깊이 들어간 부분)의 10,920±10미터가 세계에서 가장 깊은 곳으로 기록되었다.

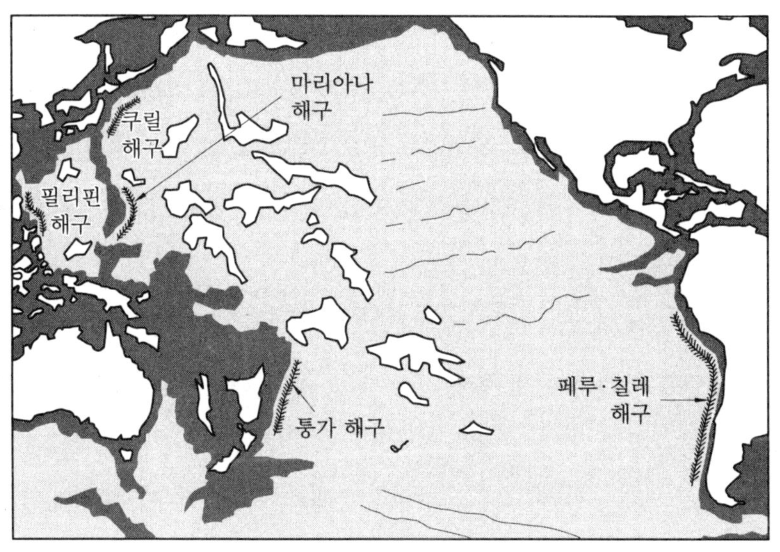

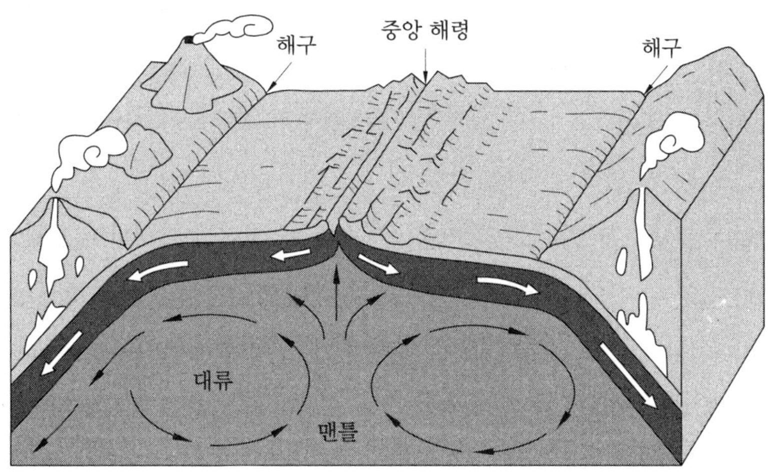

해구는 해양판이 다른 해양판이나 대륙판 밑으로 밀려 들어가 해저가 지구 내부로 끌려 들어간 곳에 생긴다

마리아나 해구는 세계에서 가장 깊은 곳이지만 해저 지형도를 보면, 그와 같은 해구는 세계의 대양 중심보다도 끝자락에 가까운 곳에 여러 곳에 존재한다는 것을 알 수 있다. 이것은 판이 다른 판 밑으로 밀려들어가 해저면이 지구에 끌려들어간 장소에 생긴 도랑으로, 이를 '해구(trench)'라고 한다.

세계의 깊은 해저는 모두 해구에 있으며, 가장 깊은 곳이 1만 미터를 넘는 것만도 마리아나 해구, 필리핀 해구, 통가 해구, 케르마딕 해구(모두 서태평양에 위치) 등이 있다.

해구의 길이는 수백~수천 미터이고 페루 · 칠레 해구는 5,900킬로미터에 이르고, 너비는 수십~100킬로미터 정도이다.

이와 같은 거대한 해구의 아우격인 곳이, 배 모양의 해분인 트러흐(trough)이다. 구조는 해구와 같지만 트러흐는 가장 깊은 곳이 6,000미터보다 얕은 곳으로 분류된다.

해구와 트러흐는 모두 지진과 화산 활동이 집중하여 일어나는 장소이기도 하다. 판 간에 큰 마찰이 있는 곳에서는 밀려 들어가는 것이 원활하지 못하고 때로는 돌연 미끌어져 해구형 지진이 발생하거나 판 내부가 갈라져 지진이 발생하는 수도 있다.

또 밀려 들어가 해양판의 암석 일부가 용해되면 마그마로 변하고, 그것이 위로 치솟으면 화산이 되므로 해구와 평행으로 화산띠가 형성된다.

해저 산맥

해저 지형도를 보면, 가장 먼저 눈에 들어오는 것이 등뼈처럼 불룩하게 솟아오른 대산맥이다.

지구를 한 바퀴 반이나 돌 정도로 긴 해저의 대산맥인 '중앙 해령'은 지구에서 가장 거대한 산맥이며, 총거리가 약 75,000킬로미터에 이른다.

산맥의 너비는 평균 약 1,000킬로미터로 거대하다. 이 길이와 너비를 곱한 넓이는 지구 표면적의 23퍼센트에 해당한다. 육지가 지구 표면적의 약 30퍼센트인 사실과 비교하여도 얼마나 거대한가를 직감할 수 있다.

대서양에서는 대서양 중앙해령, 태평양에서는 동태평양 해팽*이 있다. 또 인도양에서는 인도양 중앙해령, 남서인도양 해령, 남동인도양 해령 등, 3개의 중앙 해령이 3중점(북위 25도 32분, 동경 70도 02분)에서 한 점에 교차하고 있다.

이처럼 기다란 산맥이 어찌하여 해저에 존재하는 것일까? 그것은 대륙판이 확대하여 새로운 해저가 탄생하는 지구규모 현상의 현장에 위치하기 때문이다.

***해팽(rise)** : 대양저에서 완만하고 두두룩하게 올라와 길게 뻗은 폭넓은 지형. 남아메리카 대륙과 나란히 달리는 동태평양 해팽이 대표적인 예다(출처: 금성출판사 발행 국어사전).

중앙 해령에서는 맨틀에서 뜨거운 마그마가 상승하여 해저가 탄생한다

해저 산맥의 구도

여기서는 맨틀(mantle)에서 뜨거운 마그마(magma)가 솟아올라 새로운 해저가 태어나 좌우로 확대되고 있다.

그 때문에 해령의 정상 부근은 좌우로 찢기듯 갈라져 균열이 생기고 계곡과 같은 푹 팬 곳이 이어져 있다. 그러므로 중앙 해령은 모두가 화산으로 이어져 있다.

중앙 해령의 해저에서 산 정상까지의 높이는 평균 2.5킬로미터로, 높이만큼은 육상의 산맥과 별로 다르지 않지만 일부는 산의 정상이 해면 위로 얼굴을 내밀고 있다.

이렇게 얼굴을 내민 대표적인 곳이 아이슬란드인데, 거기에는 대지의 파열점이 존재하여 해양지각의 탄생을 지상에서 직접 볼 수 있다.

바다와 육지

우리들은 이제까지 우리가 거주하는 육지와는 전혀 다른 바다가 존재하는 것을 당연한 것으로 생각하여 왔다. 그리고 그 바다에도 해저가 있으리라는 것은 상식으로 알고 있었다.

그러나 이 기회에 바다와 육지는 도대체 무엇이 얼마나 다른지 살펴보는 것은 뜻있는 일일 것 같다.

물론 바닷물이 있느냐, 없느냐는 큰 차이 중 하나이다. 하지만 만약 바닷물을 걷어낸다 할지라도 지형이 그리 크게 변하는 것은 아니다. 하지만 육지의 평균 높이가 840미터인 데 비하여 해저의 평균 표고는 마이너스 3,729미터로, 양자 간에는 확연한 차이가 있다.

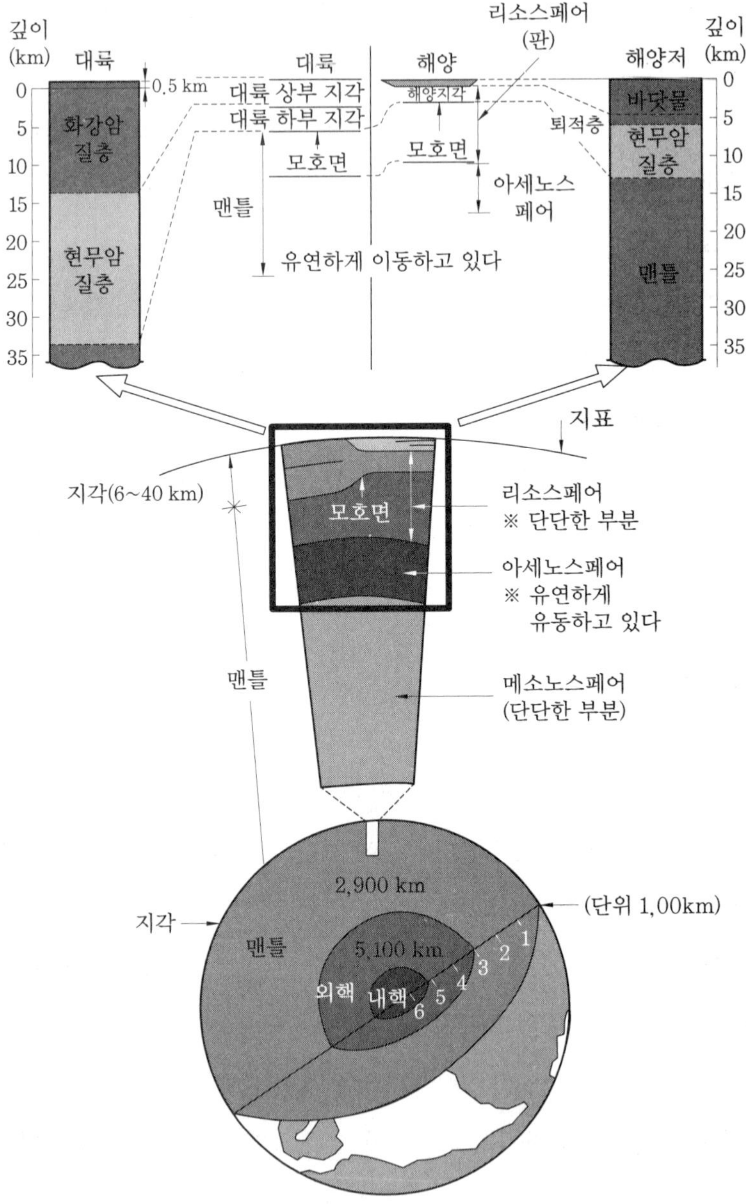

바다와 육지의 지각의 차이

또 대륙의 나이는 오래된 곳은 30억 년이나 되지만, 해저의 나이는 기껏해야 1억 5천만 년 정도이다. 이러한 차이는 도대체 어디서 온 것일까?

이에 관한 해답은 대륙과 해저의 지각*의 무게를 비교하여 보면 알 수 있다. 해저의 지각이 무거운 데 비하여 대륙의 지각은 가벼운 것이 특징이다.

각각 지각이 실린 판은 맨틀 상부의 유동 부분(고체)에 뜬 상태로 이동한다. 해저 시각은 두께가 얇지만 그 대부분이 무거운 현무암으로 형성되어 있다.

한편, 대륙 지각은 두껍지만 그 절반 정도가 가벼운 화강암으로 형성되어 있다. 굳이 예를 든다면, 얇고 무거운 플라스틱 조각(해저)과 두껍지만 가벼운 발포스티로폴(대륙)이 물(맨틀)에 떠 있는 모습과 같다.

물체는 자중과 평형을 이루는 위로 향하는 부력을 얻는 데 필요한 부분만 침수하므로 밀도가 낮고 클수록 노출되는 부분이 늘어난다. 이것이 바로 대륙이다.

그러므로 해저 지각이 실린 해양판과 대륙 지각이 실린 대륙판이 부딪히면 반드시 해양판이 대륙판 밑으로 밀려들어가게 된다. 나이 문제로도, 중앙 해령에서 탄생한 해저가 해구까지 이동하면 연속적으로 맨틀에 가라앉기 때문에 대륙에 비하여 젊다.

---

*지각(crust) : 지구의 가장 바깥쪽을 둘러싼 부분으로, 모호로 비비치 불연속면보다 얕은 부분. 대륙 지역에서는 두께가 약 35km, 해양 지역에서는 5~10km이다.

용수역(湧水域)

뜨거운 물이 솟아오르는 열수 분출공에 비하여 바닷물 온도는 별로 다름이 없지만 높을지라도 수℃ 정도인 황화수소와 메탄을 함유한 냉수가 솟아오르는 곳이 있다. 이와 같은 장소를 '용수역(intake area)'이라고 한다.

용수는 굴뚝과 같은 구조가 없이 샘물처럼 해저에서 솟아오르고 있으며, 이곳에도 이미 황화수소나 메탄을 에너지원으로 하는 독특한 생태계가 형성되어 있다.

용수역은 1984년에 미국 서해안에 올레곤 앞바다 수심 2,000미터의 해저에서 발견된 후에 대서양 중부의 발바도스해역 등, 여러 곳에서 연이어 발견되었다.

용수역이 해구나 트라흐의 해저에서 발견되는 것은 다음과 같은 요인에 의해서이다.

해구와 트라흐 등은 해양판이 다른 판 밑으로 밀려들어가는 곳에 생기는 웅덩이였다. 해양판이 밀려 들어갈 때 해양판 위에 쌓였던 퇴적물도 함께 쓸려 들어가지만, 다른 한편의 판이 솟아오르며 퇴적물의 일부를 긁어내게 된다. 그래도 해양판은 멎지 않고 계속 밀려 들어가므로 퇴적물도 다른 한쪽 판에 눌려 '부가체*(adduct)'라는 흙덩어리가 되어 표층에 남는다.

***부가체** : 해양판이 다른 판 밑으로 밀려 들어갈 때 해저에 쌓였던 퇴적물이 긁혀져 나와 상대쪽에 달라붙은 그대로 존재하는 것. 예를 들어, 일본 열도의 많은 부분은 부가체이다.

이 부가체는 원래 해저에 내려 쌓인 퇴적물이므로 속에 바닷물을 많이 포함하고 있다. 그 물이 판의 이동과 더불어 더욱 압축되어 단층면 등을 따라 짜여져 배출되는 것이 바로 용수이다.

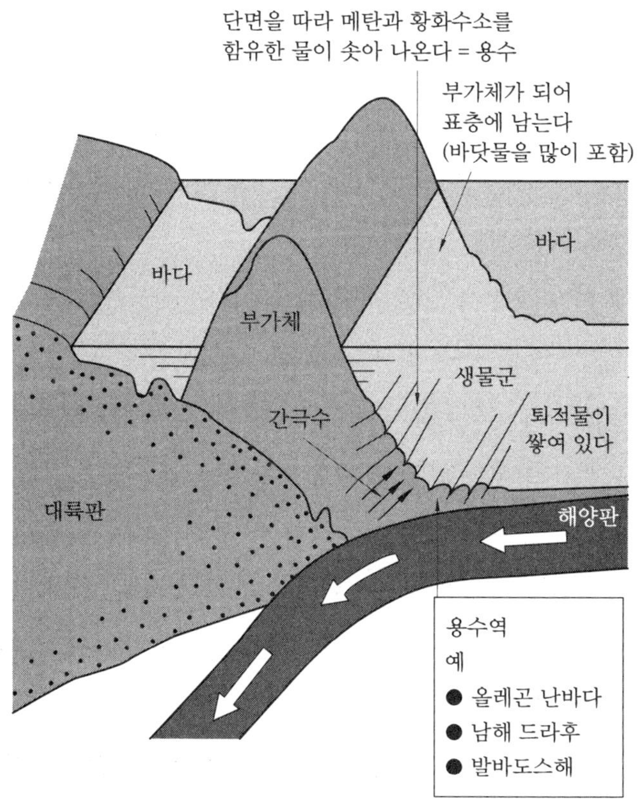

해저에서 스며 나오는 물

그럼, 황화수소와 메탄 등은 왜 함유되어 있는가? 메탄은 해저 밑의 깊은 곳에서 퇴적물 속의 유기물이 열분해되어 발생하거나 해저 밑의 비교적 얕은 곳에서 박테리아가 만들어 낸다.

황화수소는 땅 속에서 상승한 메탄이 위에서 침투한 바닷물의 황산 이온과 반응하여 생성된다.

지자기(地磁氣)

해저는 지자기의 테이프 레코더이다. 해저에는 지구의 과거 기록이 다양한 형태로 잔존해 있다.

그 대표적인 예를 들면, 퇴적층에 남겨진 유공충(有孔蟲)의 화석 정보로 과거의 기후를 알 수 있다.

여기서는 해저의 퇴적물이 아니라, 해저 그 자체에 새겨진 지구의 기록에 관해서 소개하겠다. 해저에 기록되어 있는 것은 바로 지자기(geomagnetism)이다.

지구는 하나의 거대한 자적으로 비유할 수 있으며, 지자기란 그 자기(磁氣)를 말한다. 방위(方位)자침이 북쪽을 지시하는 것은 지자기의 S극 방향이 북쪽에 있기 때문이다.

이 지자기가 현재는 북극쪽(북극점과는 겹쳐지지 않는다)에 S극이 존재하지만 과거부터 현재까지 줄곧 일정했던 것은 아니다. 지자기의 방향과 강도 모두 시간과 더불어 변동하여 왔다. 지자기가 거의 제로로 되거나, 자기의 북과 남이 역전을 되풀이하여 오기도 하였다.

그 기록의 일부가 용암(溶岩) 등에 남아 있지만 테이프 레코더처럼 빠짐없이 모두를 기록하고 있는 것은 해저뿐이다.

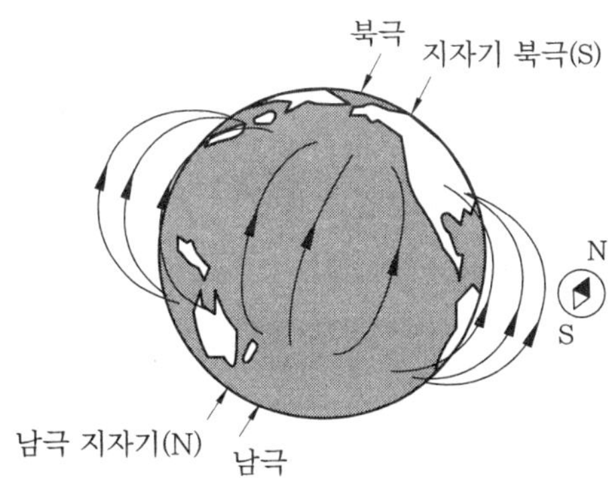

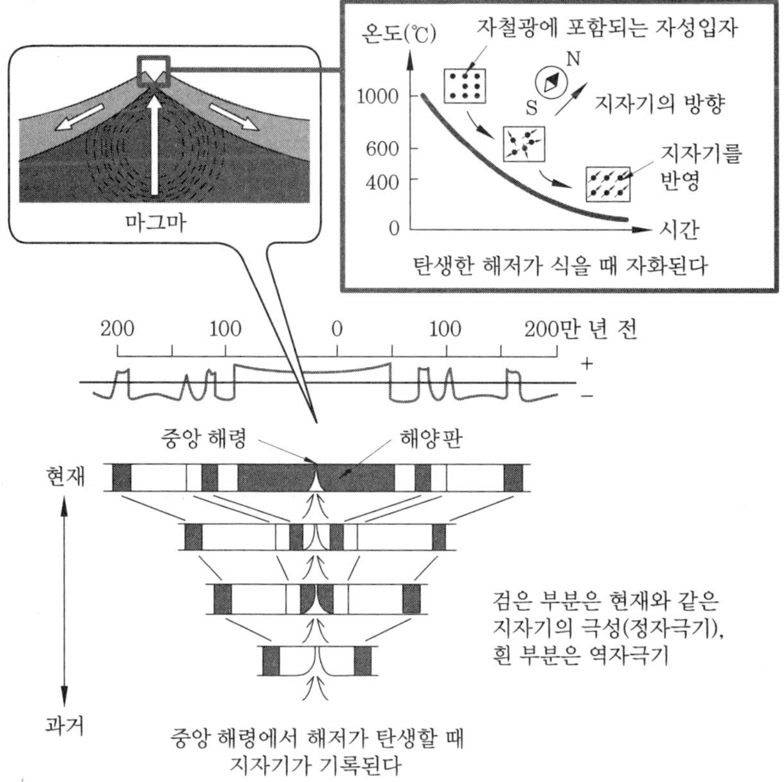

3해저에 기록된 지자기의 역전

천연으로 생산되는 자석으로 자철광(magnetite)이라는 광물이 있다. 자철광은 불에 달구어 질척하게 녹은 상태에서 식을 때 주위의 자기방향(磁氣方向)으로 자기의 방향을 일치시키고, 식어서 굳어진 후에도 그 방향을 유지하는 성질이 있다.

해저를 구성하는 광물에도 자철광이 포함되어 있다. 해령에서 마그마가 식어 새로운 해저가 만들어질 때, 자철광에 그 당시의 지자기 방향이 기록되어 해저에 새겨진다.

새로운 해저가 연이어 생성됨에 따라 해령을 중심으로 양쪽 해저가 이동하게 되므로 아주 대칭적으로 자기의 줄무늬 모양(북과 남이 역전을 되풀이하고 있는)이 생기게 되는 것이다.

이 기록에 의해서 약 1억 5천만 년 동안에 약 300회나 지자기의 역전이 있었다는 사실을 알게 되었다.

해저 지도

1952년에 미국 콜롬비아대학 라몬드 드하티 지구과학연구소의 브루스 히젠과 공동 연구자인 마리 사프가 음향 측심으로 해저 탐사를 시작하여, 1977년에 전 세계의 해저 지형도, 즉 바닷물이라는 베일을 벗겨낸 지구의 맨얼굴을 발표하였다.

그 발표를 보면 대서양의 북쪽에서 남쪽을 향해 등뼈와 같은 산맥이 이어지고, 그것이 인도양, 오스트레일리아 대륙의 남쪽을 통해서 태평양의 미국 대륙을 따라 북상하고 있다.

육상의 산맥과는 비교도 되지 않는, 지구를 일주하고도 반 바퀴 더 도는 대규모 산맥이 해저를 가로지르고 있다.

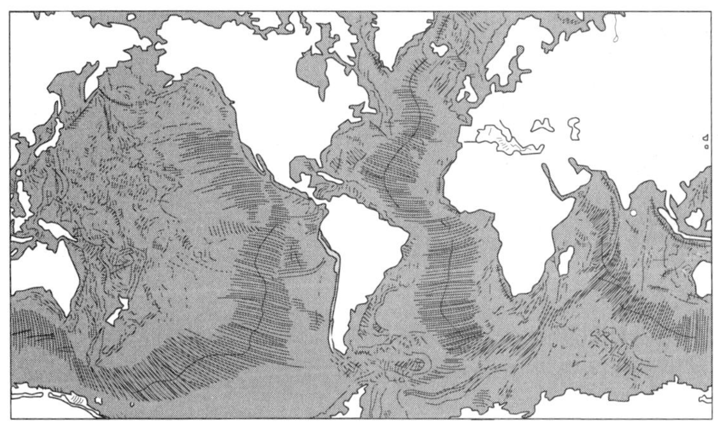

세계의 해저지도

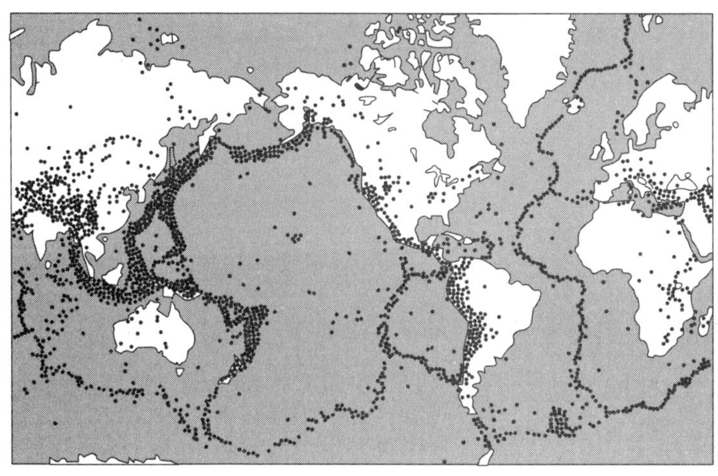

지진의 분포(1980~1990년의 진도 5.0의 지진)

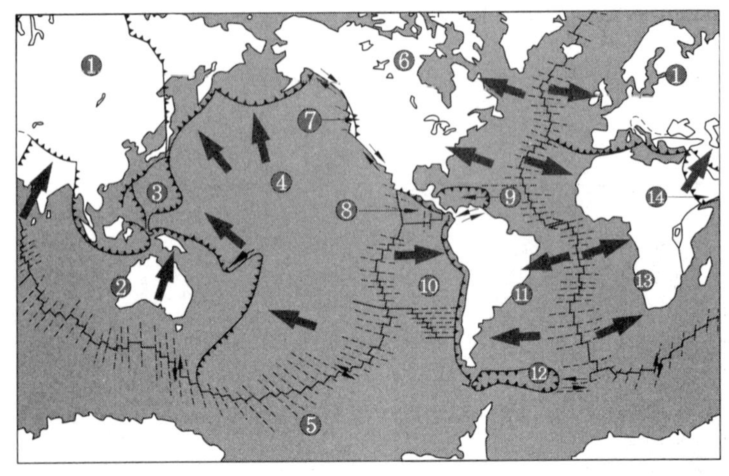

① 유라시아 판　② 인도·오스트레일리아 판
③ 필리핀해 판　④ 태평양 판
⑤ 남극 판　⑥ 북미 판
⑦ 반 데 후카 판　⑧ 코코스 판
⑨ 카리브 판　⑩ 나스카 판
⑪ 남미 판　⑫ 스코시아 판
⑬ 아프리카 판　⑭ 아라비아 판

세계의 판 (플레이트)

세계의 해저 지형도

사실은 이보다 100년 정도 전에 미국과 유럽 사이에 해저 전선을 부설할 때, 북대서양에 대한 수심 탐사가 실시되었다. 전선을 절약하기 위해 해저에 기복이 적은 장소를 찾아야 했기 때문이었다.

그때 대양의 중앙이 가장 깊을 것이라는 예상과는 달리 북대서양의 중앙부가 솟아 있는 것으로 밝혀져, '전신의 언덕'이라는 이름이 붙여졌다. 그로부터 100년 후에 전신의 언덕은 북대서양뿐만 아니라 지구의 솔기처럼 길게 이어져 있는 것을 알게 되었다.

이 밖에 인도양과 서태평양에는 복잡한 해구(海溝)가 달리고 있고, 극동쪽 태평양에는 띠 모양의 해구가 여러 개 새겨져 있다.

이와 같은 해저의 대산맥을 '해령(海嶺)'이라 하고, 띠 모양의 도랑을 '해구'라고 한다.

지진의 기록을 비교하여 보면, 해령과 해구에서 많이 발생하고 있음을 알 수 있다. 이것은 다음과 같이 이해되고 있다.

지구의 표면은 금이 간 도자기와 같아서, 수십 장의 구분으로 나누어진 암반으로 덮여 있다. 이 구분을 '플레이트(plate)' 또는 판이라 한다. 이 판이 서로 다른 방향(1년에 수 센티의 속도)으로 움직여 지진이 일어나게 된다.

심해의 밝기

심해라고 하면 암흑 세계를 연상하기 쉽다. 어느 정도의 깊이에서부터 암흑 세계일까?

해역에 따라 바닷물의 탁한 정도가 다르기 때문에 일률적으로 단언할 수 없지만 대체로 수심 70미터 해면에 입사한 빛의 99.9퍼센트가 물에 흡수되므로 밝기는 해면 부근의 0.1퍼센트까지 떨어진다. 그러나 0.1퍼센트라고 하여도 의외로 사람의 시각(視覺)은 여전히 빛을 감지할 수 있다.

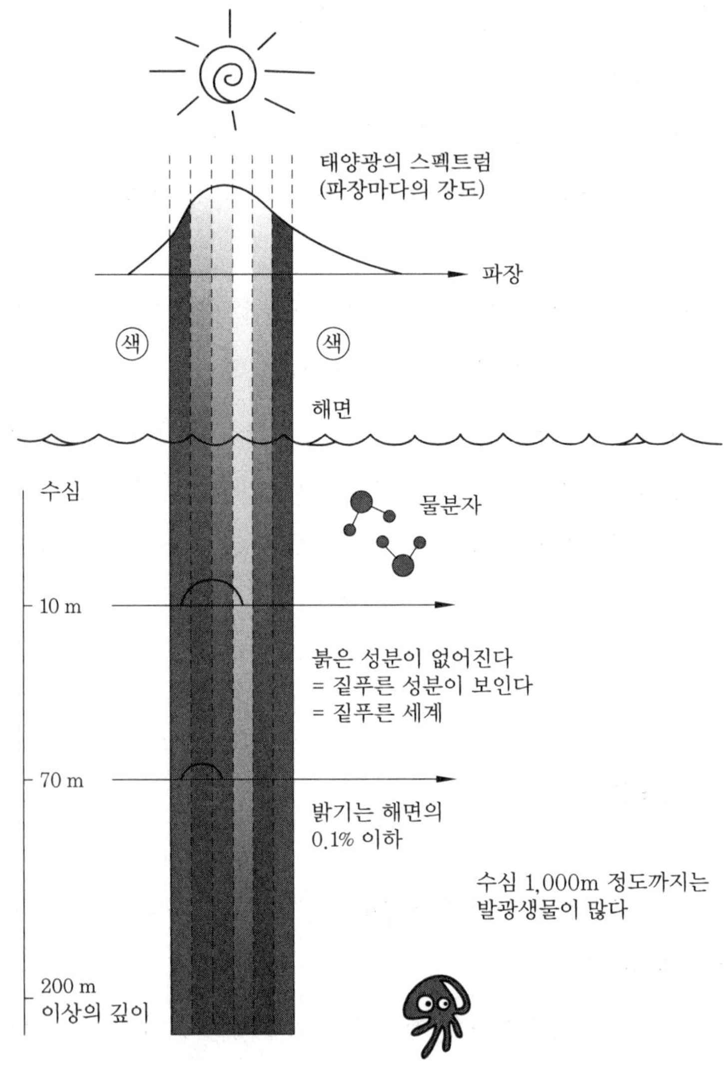

태양광의 스펙트럼
(파장마다의 강도)
파장
색
색
해면
수심
물분자
10 m
붉은 성분이 없어진다
= 질푸른 성분이 보인다
= 질푸른 세계
70 m
밝기는 해면의
0.1% 이하
수심 1,000m 정도까지는
발광생물이 많다
200 m
이상의 깊이
붉은 생물은 검게 보인다
붉은 성분은 바로 흡수되기 때문에
질푸른 빛으로 보인다

심해에 이르는 빛

더 깊이 들어가면 물속은 짙은 곤색에서 짙푸른 색깔로 변하고 수심 약 200미터를 지나면 빛을 잃고 회색이 된다. 그리고 수심 400미터 정도에 이르면 인간의 눈으로 해면으로부터의 빛을 느끼는 것은 거의 한계에 이른다.

단, 심해어 등의 생물 중에는 수심 1,000미터 정도까지 태양광을 감지할 수 있는 것도 있다.

먹물을 풀어놓은 것 같은 암흑 속. 그러나 거기에 빛이 전혀 없는 것은 아니다. 다양한 생물이 개똥벌레처럼 청백색 빛을 발산하고 있기 때문이다.

심해에서 암흑에 눈이 익수하여지면 점차 그 희미한 빛의 입자가 무수하게 보이게 된다.

바닷속이 캄캄한 것은 빛이 물분자 속을 통과할 때 조금씩 흡수되어 지상으로부터의 태양광이 심해까지 도달하지 못하기 때문이다. 그러므로 심해일지라도 잠수선 등의 강력한 라이트를 점등하면 바로 전면에는 밝은 세계가 펼쳐진다.

잠수선의 라이트는 매우 밝아 마치 풀 속을 보는 것 같다고 한다. 지상에서 암야에 회중전등을 켜는 것과 마찬가지로, 잠수선의 라이트에서 밝힌 빛은 얼마 못가 암흑에 흡수되므로 바닷속의 모습은 불과 2~3미터 전방밖에 비추지 못한다.

라이트의 빛에 의해서 밝혀진 심해도 짙푸름이 탁월한 세계이다. 물분자 성질상, 붉은 빛이 먼저 감쇠하기 때문이며, 붉은 것은 검게 보인다.

소리의 전파

캄캄하고 고요한 세계일 것이라는 이미지로, 깊은 바닷속은 아무런 소리도 없는 적막한 세계일 것이라 생각하기 쉽지만 그러하지 않고, 의외로 혼잡하다.

냉전 시대, 미국 해군은 소련의 잠수함을 탐지하기 위해 네트워크(SOSUS)를 구축했었다. 깊은 바다의 소리를 수집하기 위해 내압제(耐压製)의 특수 마이크를 바닷속에 드리워 소리를 탐지한 것이다.

그러자 뜻밖에도 온갖 소리가 들려왔다. 우리가 지상에서 일상으로 듣고 있는 소리와는 크게 다른, 굳이 예를 든다면 문짝이 삐걱거리는 소리라든가 땅이 울리는 소리 등, 모두 음정이 낮은(저주파), 분별하기 어려운 소리였다. 이와 같은 소리는 고래를 비롯한 해양생물이 내는 소리이거나 선박의 엔진 소리, 지진 때 단층이 무너지는 소리, 해저 화산의 분화, 해저 땅 미끄러짐 등이 주요 발생원인 것으로 추정되고 있다.

최초부터 저주파였던 것은 아니다. 바닷속을 전파하는 사이에 고주파 성분은 흡수되고 남은 낮은 성분만이 멀리까지 전파되어서다.

바닷속의 소리가 대기 중의 소리와 다른 가장 큰 차이점은 음속이다. 육상의 음속은 대체로 매초 300미터 정도이지만, 바닷속에서는 매초 약 1,500미터이다. 이 음속은 어디서나 동일한 것은 아니다. 음속은 수압(따라서 수심), 온도, 염분의 농도에 의존한다. 그리고 그 복합에 의해서 수심 700~1,000미터 가까이에서 음속이 최저가 되는 '음향 극소층'이 존재한다.

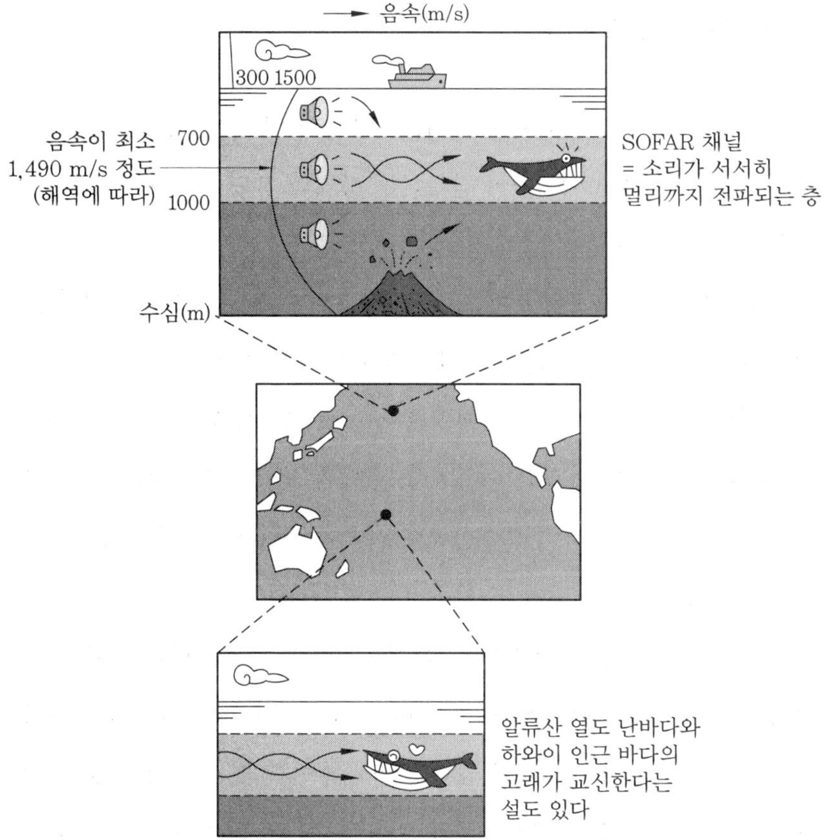

5멀리까지 전파되는 소리

특히 흥미로운 사실은, 이 층에 들어가면 별로 감쇠되지 않은 채로 소리가 멀리까지 전파되는, 파동 특유의 성질이 있는 점이다.

이 소리의 길을 'SOFAR 채널*'이라 한다. 고래 등은 SOFAR 채널을 이용하여 몇천 킬로미터나 떨어진 곳에 있는 동료들과 교신하는 것으로 알려지고 있다.

포화(飽和) 잠수기술

인간이 물속으로 잠수하는 데에는 2가지 방법이 있다. 즉, 자기 몸으로 직접 바닷속에 뛰어들어 잠수하는 방법과 유인 잠수정을 타고 잠수하는 방법이 있다.

특히 직접 바닷속으로 뛰어드는 경우는 해녀(海女)들의 활동에서 많이 볼 수 있지만 너무 깊은 곳까지는 잠수하지 못한다.

그러나 항만공사라든가 해저의 유전작업(油田作業), 해난구조 등, 바닷속에서 부득이 인간의 손을 이용하여 복잡한 작업을 하지 않으면 안 되는 경우를 대비하여 특수한 잠수기술이 개발되었는데, 이를 '포화 잠수기술'이라 한다.

포화잠수는 한마디로 말해서, 잠수하기 전에 목표로 하는 바다의 수압과 같은 압력을 몸에 가하여 잠수하는 방법이다. 포화잠수의 다이버는 우선 선상(船上) 감압실의 압력탱크에 들어가 헬륨과 산소 등을 사용하여 바닷속 현장에서 받는 것과 같은 압력까지 약 12시간에 걸쳐 몸을 가압한다. 예를 들어, 수심 300미터까지 잠수할 예정이라면 현장에서 받는 수압은 31기압이므로 보통 1기압 아래서 우리가 호흡하고 있는 31배의 압력까지 가스의 압력을 서서히 높여, 그 가스에 의해서 몸을 압력에 순응시킨다.

---

*SOFAR 채널 : 음속 극소층. SOund Fixing And Ranging channel의 약어. 1940년대에 Maurice Ewing과 Leonid Brekhovskikh에 의해 발견되었다.

안전한 잠수는 수심 300미터

이렇게 사전 조치한 후에 선상 감압실과 연결된 수중 엘리베이터로 옮겨 타고 목표 수중까지 내려가 작업한다.

작업을 끝낸 뒤, 육상으로 귀환하기 위해서는 다시 수중 엘리베이터를 타고 선상의 감압실로 옮겨 탱크 속에서 이번에는 약 12일간이란 오랜 시간에 걸쳐 서서히 감압하여 대기압에 몸을 순응시킨다. 이렇게 함으로써 급격한 감압으로 인하여 생기는 잠수병을 모면할 수 있다.

안전하게 포화잠수를 할 수 있는 수심은 300밀리미터 정도인 것으로 알려지고 있다. 포화잠수하는 사람은 혹독한 환경에 대처하기 위해 강인한 정신력과 특별한 훈련을 받을 필요가 있다.

무인 탐사기

앞에서도 기술한 바와 같이, 해양과학은 19세기 후반 영국의 해양조사선 '챌린저호'에 의한 대규모의 관측 항해로 막이 올랐다. 그 이후 본격적으로 해양과학이 전개된 것은 20세기 후반에 이르러서이다.

우리들 인류가 밤하늘을 바라보며 우주의 신비로운 법칙을 깊이 통찰하고, 수백 년이나 이전부터 천문지식을 쌓아온 데 비하여, 바다에 대하여 특히 심해에 관해서는 20세기에 이르기까지 별로 지식이 없었던 것도 무리는 아니었다. 심해는 높은 수압과 암흑천지여서 그 세계를 보기 힘들었기 때문이다.

그러나 기술이 발달하여 바닷속을 살펴볼 수 있게 됨으로써 이 분야는 놀랄 만큼 발전하였다. 그 중심에 유인 잠수선과 무인 탐사기가 존재한다.

무인 탐사기의 장점

① 심해까지 사람이 가지 않고도 탐사할 수 있다

② 건조비·운용비가 유인 잠수선에 비해 싸다

③ 인명피해의 위험이 없다

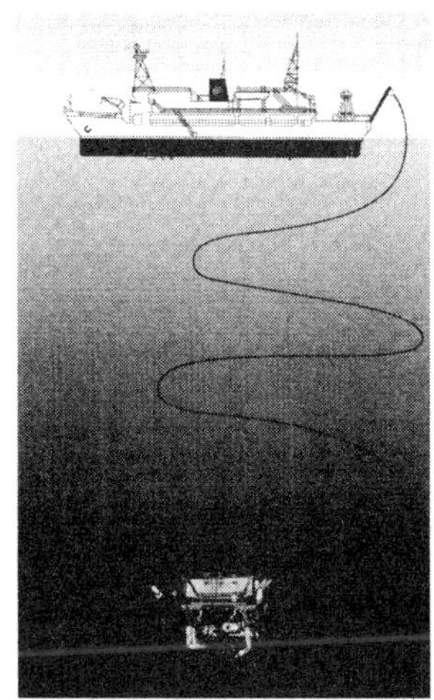

디프 토우

ROV(원격조정 무인 탐사기)

AUV(자율형 무인 탐사기)

하이파 돌핀

다양한 무인 탐사기

무인 탐사기에 의해서 우리는 이제 심해로 가지 않고서도 심해를 탐사할 수 있게 되었다. 무인 탐사기의 종류에는 디프 토우(deep tow), 원격조작 무인 탐사기(ROV), 자율형 무인 탐사기(AUV) 등이 있다.

디프 토우는 카메라를 장착한 긴 케이블을 해저까지 내려서 배로 예항(曳航)하면서 해저 조사를 하는 가장 단순한 장치이다.

ROV는 굵은 케이블로 모선과 연결되어 있지만, 추진기가 장착되어 있기 때문에 어느 정도 자유롭게 활동하거나 해저를 관찰할 수 있고, 머니퓰레이터(manipulators)로 시료를 채취할 수 있는 장치이다.

AUV는 ROV와는 달리 모선과 케이블로 연결되어 있지 않다. 그러나 기능성이 뛰어나고, 장래의 무인 탐사기로 개발이 진행되고 있다.

특히 사방이 바다로 둘러싸인 섬나라 일본은 이 분야 세계 톱 레벨의 해양탐사 기술을 보유하고 있다. 수심 6,000미터급의 디프 토우 외에도 원격조작 무인 탐사기로는 초고감도의 하이비젼카메라와 자유자재로 조작할 수 있는 머니퓰레이더를 탑재하여, 수심 3,000미터까지 잠수가 가능한 '하이파 돌핀'을 보유하고 있다. 이 밖에도 수심 7,000미터의 심해에서도 활동이 가능한 '가이코우 7000Ⅱ'가 심해 탐사에 활약하고 있다.

잠수 조사선 '신카이 6500'

일본이 보유한 '신카이(심해) 6500'은 최대 수심 6,500미터까지 잠항이 가능하다. 현역으로 가동하고 있는 잠수 조사선으로는 세계에서 가장 깊이 잠수할 수 있는 유인 잠수선인 셈이다.

길이 9.5미터, 너비 2.7미터, 높이 3.2미터로 CCD 카메라 2대와 디지털 카메라 1대를 보유한 이 조사선에는 조종사 2명과 연구원 등 3명이 승선할 수 있으며, 지름 12센티미터의 둥그런 창을 통하여 심해를 관찰할 수 있고, 2개의 머니퓰레이터로는 장치를 설치하거나 생물과 광물, 진흙, 해수 등을 채집하는 작업을 할 수 있다.

이 밖에도 높은 해상도의 TV 카메라와 소나, 고출력의 리튬2차전지, 강력한 스러스터(thrustor), 고정밀도의 측위(測位) 장치 등을 탑재하고 있다.

깊은 수심에 도달할 수 있는 작은 배에 소중한 것은 부력재(浮力材)인데, 중공(中空)의 유리구를 접착제로 굳힌 '신탁틱폼(syntactic foam)'이라는 소재를 사용하고 있다.

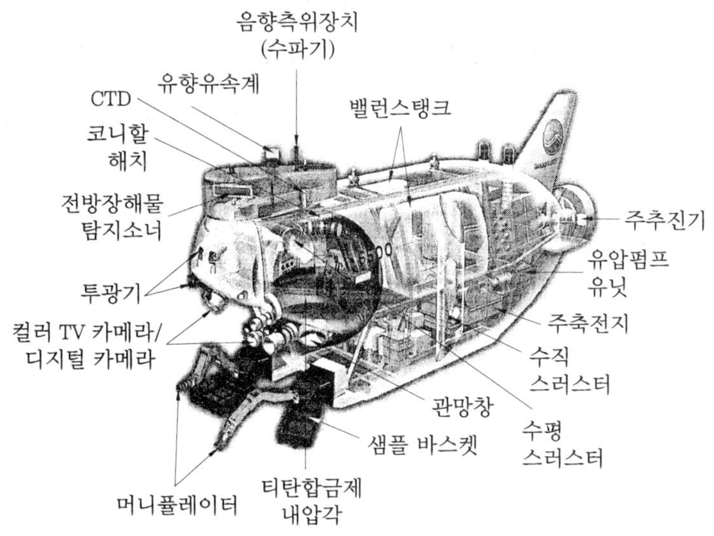

신카이 6500의 구조

사람은 배 앞쪽에 설치된 안지름 2미터의 볼형 내압실(pressure hull) 안에 승선한다. 두께 73.5밀리미터의 티탄합금으로 만들어졌으며, 외부로부터의 큰 압력을 견디기 위해 심해에서도 실내는 지상과 같이 1기압이 유지된다. 단, 폐쇄계이므로 산소 봄베와 이산화탄소의 흡착제(우주정거장에서 사용하고 있는 것과 같은)를 탑재하여 실내 공기를 조절하고 있다.

잠항시간은 8시간이어서 하강 · 해저 이동 · 부상(하강 및 상승 속도는 매분 약 40미터)을 24시간 안에 완료한다.

예를 들면, 수심 6,500미터에 잠수하는 경우 편도만으로 2시간 30분, 해저에 머무는 시간은 3시간인 셈이다.

긴급 시의 라이프서포트 시간은 129시간이다. 돌기 부분(머니퓰레이터나 샘플 바스켓)이 어망 등에 걸리는 사고를 예상하여 부이(buoy)를 올려 모선으로 올리는 방법과 무인 탐사기 '가이코우 7000Ⅱ'로 구출하는 등, 2중, 3중의 대책이 마련되어 있다(1989년에 탄생한 이래 2008년까지의 잠항 횟수가 1,000회 이상이었지만 무사고였다).

8장

바다와 인간의
하모니

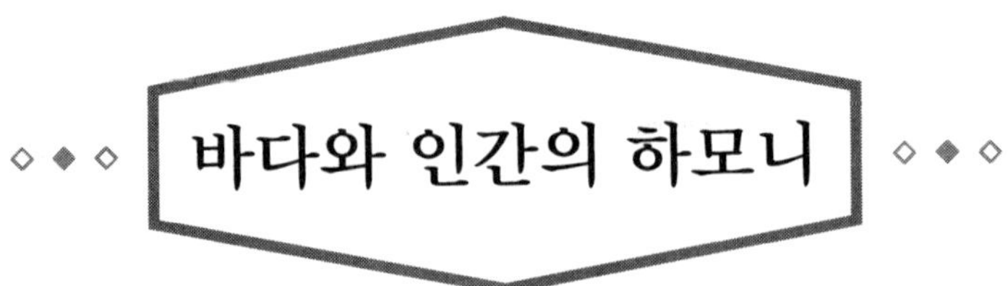

바다와 생명

바다는 넓고, 크고 깊은 지구면의 웅덩이에 고인 염수(鹽水) 부분을 이르며, 거기에 인간의 미래 생활에 필요한 무수한 자원을 담고 있다.

1955년 미국의 우주선 아폴로호가 달까지 여행하고 왔다. 그때 달에서 바라본 지구는 푸르게 반짝이는 다이아몬드처럼 아름다웠다고 한다. 푸른 바다가 지구면의 70.8퍼센트를 덮고 있기 때문이다. 지구는 '물의 행성'으로도 불린다.

물이 존재하기 때문에 생물이 있고, 우리 인간의 오늘과 미래가 있다.

은하(銀河) 우주의 태양계 일족 중에, 우리의 지구가 탄생한 것은 45억 년이나 멀고 먼 옛날, 그리고 지구면의 크고 작은 웅덩이에 마그마에서 배출된 수분이 고여 바다가 형성된 것은 지금으로부터 43억 년 정도 전이라고 한다.

이어서 10억 년 가까운 '화학진화' 시대에 90여 종의 원소가 집산을 반복하는 동안 태양광선, 우주선 아래서 점차 복잡한 유기화합물, 단백질이 만들어지고, 디옥시리보핵산(DNA)이라는 유전자가 원시의 얇은 바닷속에서 만들어졌다.

이 생물의 탄생이 계승되어 진화하고, 약 30억 년이란 긴 시간의 흐름 속에서 가지가 나누어졌다. 광합성을 하는 식물이 원시의 바닷속에서 산소를 배출하고, 산소에 의해서 호흡하며 생존할 수 있는 동물이 태어났다. 마침내 대기에도 오늘날처럼 산소가 고여 바다에서 육지로, 식물에 이어 동물까지 옮겨와 번식했다.

조류(鳥類)와 공룡, 포유류 동물에서 원인, 인류의 조상이 나타났다(수백만 년 전). 그리하여 인류의 문명, 문화도 싹이 텄다.

인류와 바다

지구 상에 일어난 최후의 빙하기 중에서 가장 혹독했던 때는 지금으로부터 1만 8,000년 전에서 1만 1,000년 이전까지였다. 그 이후부터 변동은 있었지만 온난의 경향이 이어졌다.

빙하기에는 해면이 낮아져, 해안에 가까운 따스한 토지에는 먹을 것과 거주할 곳을 찾아 석기 시대의 사람들이 옮겨왔을 것으로 추정되며, 얼음과 눈이 녹는 온난기가 되면 해면이 상승하여 위도가 높은 쪽으로, 즉 내륙 쪽으로 옮겨갔을 것이다. 미국의 인디언과 에스키모들의 대이동까지도.

지금보다 해면이 100~150미터나 낮았던 빙하기에는 아시아 대륙의 동남부에서 중국 본토, 한반도, 인도네시아, 필리핀, 대만, 일본 열도까지도 모두 이어져 있었다. 해안에서 어류와 패류, 해초 등을 잡아먹고 생활한 흔적을 증명하는 패총도 있다.

사람들은 뗏목을 엮고, 통나무배를 만들어 해안 가까운 바다로 나가 고기를 잡으려다 풍파에 표류하여 멀리 낯선 땅으로 옮겨지기도 했을 것이다. 생활에 필요한 소금은 암염이나 해안에서 천일염, 조염(藻鹽)으로 해결하였다.

이렇게 하여 수산, 제염에서 해운, 통상으로, 과거 수천 년 동안 집락(集落)과 항구, 소도시에서 대도시까지 발전하는 사이에 사람들 간에는 다툼도 있었을 것이고, 해전(海戰)이 발발하면 군함도 만들어 군사면에서도 바다는 그 이용도가 가중되었다. 큰 강의 하구(河口)에 도시문명이 탄생한 것은 메소포타미아, 이집트, 인도, 중국 등에서 보는 바와 같다.

바다의 자원

바다의 자원으로는 우선 13억 7천만 세제곱킬로미터에 이르는 바닷물자원을 꼽지 않을 수 없다. 1리터당 평균 35그램의 염류가 용존된 물을 사용하여, 증발이나 기타 방법으로 소금을 얻어내고, 나머지를 수자원으로 이용하였다.

가령, 세계의 바다가 모두 마른 경우, 남은 해염을 지구 표면에 뿌린다고 하면 두께 45미터 정도로 쌓이고, 육상에만 모은다면 153미터 정도의 소금층을 이루게 될 것이라고 한다. 강물도 염분을 함유하고 있기는 하지만, 탄산염류가 위주이고 염소(塩素)염류는 적기 때문에 짜지 않다.

바닷소금은 식염(염화나트륨)이 약 80퍼센트를 차지하고, 여기에 간수(염화마그네슘과 염화칼륨, 황산마그네슘 등)와 여러 가지 미량의 원소가 합계 91종이나 함유되어 있어, 희박한 것 같지만 모으면 많은 양의 화학자원이 된다.

바닷물 전체에 포함되어 있는 금은 70억 톤, 은 133억 톤, 우라늄 40억 톤이다. 이렇게 보면 바닷물은 마치 보석산 같지만 희박한 용액이므로 많은 물을 효과적으로 처리하여 추출하는 방법이 없다면 채산이 맞지 않다.

여하간 바다는 수자원과 소금, 광물 등, 화학자원의 커다란 보고(寶庫)인 것만은 사실이다. 물도 증발, 비, 눈, 얼음이 되어 음료수, 농업용수, 공업용수 등 인류의 필요를 메워주는 대자원이다.

생물 자원

우리의 혈액 염분조성(비율)이 바닷소금과 많이 비슷한 것은, 태곳적 얕은 바다에서 생활한 영향이라고 한다.

인간은 어머니의 배 속에서 어류와 같은 모습의 시대와 조류의 시대 등, 발생 · 진화의 과정을 서둘러 복습하여 탄생했다. 유년기에 무엇인가 잡고 일어서 원인(猿人), 원인(原人) 시대를 재현하고, 소년기, 반항기, 청년기에 걸쳐서는 문명 문화의 과거 역사를 복습하면서 성장했다고 할 수 있다. '온고지신(溫故知新)'이란 말은 바로 이를 나타낸 격언이다.

30수억 년 전으로 거슬러 올라가면 지구 상의 생물은 모두 '어머니의 바다'에서 태어난 한 뿌리의 형제자매이다. 개인의 수명은 길어야 100년 내외이지만 바다를 통하여 우주의 생명을 이어받은 존재이므로 바다야말로 '생명의 고향'이다.

바다에는 미세한 바이러스, 세균, 플랑크톤에서부터 새우, 게, 패류와 어류, 거대한 고래까지, 몇백만 종에 이르는 생물이 생활하며, 조화(調和)와 균형을 유지하면서 '생산'을 이어오고 있다. 바다는 자원-생원소를 갱신하여 재생산할 수 있는 생물의 '요람'이기도 하다.

'수산'은 태곳적부터 이어져 온 해양 개발이었으며, 주로 단백질 영양으로 어류와 패류, 조류, 고래 등이 계속 이용되어 왔다. 어류는 어미가 알 또는 새끼를 낳고, 그것이 자라 또한 어미가 되는 재생산이 가능한 자원이므로, 인간은 원금의 이자에 해당하는, 쉽게 다시 말해서 어류가 늘어난 만큼의 일부를 포획하였다. 따라서 고갈됨이 없이 계속 고기잡이를 할 수 있다. 물론 바다의 환경 파괴나 오염이 없어야 한다.

수산 자원

세계의 인구는 지금 폭발적이라고 할 만큼 무서운 추세로 늘어나고 있다. 20세기 말에 70억을 기록한 인구수가 금세기(21세기) 말에는 또 얼마로 증가할지 상상하기도 두렵다. 특히 아시아의 남부와 아프리카 등의 증가세가 두드러져, 식량난과 영양부족, 심지어는 아사자까지 속출하고 있다. 이상기온도 예사롭지 않아 냉해와 가뭄, 홍수 등도 겹쳐 식량대책이 큰 문제가 되고 있다.

단백질 영양원으로서의 수산, 특히 미개척, 미개발된 해양자원에 대한 기대가 재고되고 있다. 그리고 어패류를 양식하여 바다를 목장처럼 관리하는 '양식어업'도 늘어나고 있다.

현재 2,000미터 깊이까지 어망을 내려 식용 어패류를 잡는다고 한다. 해조류는 식용하는 외에도 우뭇가사리처럼 제리와 알긴산(alginic acid)을 추출하고, 다시마에서 옥소를 추출하는 등, 공업적인 이용도 활발하게 이루어지고 있다. 심해어 중에는 값비싼 의약의 원료 성분을 함유하는 것도 있다.

광물 자원

해수 자원, 수산 자원 외에도 해저 광물 자원, 해양 에너지 자원의 개발이 큰 기대를 모으고 있다.

특히 심해저에 존재하는 망간 단괴는 해저 광물 자원의 총아라 할 수 있다. 1874년에 영국의 해양조사선 챌린저호에 의해서 발견된 이래, 1980년대 초에 지름 1~20센티미터의 검은 덩어리가 태평양 등의 심해저에 깔려 있는 것이 발견되었다.

6,000억 톤으로 추산되는 이 단괴에는(1개가 400~850킬로그램이 되는 것도 있다) 철 23퍼센트, 망간 6퍼센트의 수산화물 외에도 1.8퍼센트의 귀중한 니켈과 코발트, 1.5퍼센트의 구리를 함유하며, 채광하여 제련하면 충분히 채산을 맞출 수 있으므로 이미 미국, 프랑스, 독일, 우리나라(사진 참조), 일본 등 각국이 시굴에 열을 올리고 있다.

그러나 망간 단괴의 채굴은 4~5킬로미터의 심해저에서 채광을 하여야 하므로 결코 쉬운 작업이 아니다.

심해저 망간 단괴 채광실험

해양수산부에서는 선박해양플랜트연구소 연구원이 깊은 바다에서 채집한 망간 단괴를 파이프를 통해 수면 위로 보내는 양광(揚鑛) 시스템에 대해 설명하고 있다. 망간 단괴는 경제가치가 높지만 아직까지는 수면 위로 끌어올리지 못하고 있다. 연구소는 “전 세계적으로 이 실험에 성공한 것은 한국이 처음”이라고 밝혔다(출처 : 동아일보 2016년 1월 16일자).

품위가 높은 것은 타히티섬 인근을 중심으로 하는 태평양 가운데에 존재한다. 대서양의 경우도 미국 남동연안 난바다에서 두께 수 센티미터 정도의 검은 토탄 같은 망간 단괴가 널려 있는 장소가 있는 것이 해저 사진으로 판명되었다.

국제해양회의에서는 200마일 밖의 공해(公海)일지라도 망간 단괴 등을 인류 공유의 재산으로 간주하여, 평화적 이용을 위해 국제적으로 관리하고 있다.

대양 바닥의 심해 연니(부드러운 진흙)에도 석회질, 규산질의 것이 있으며, 생물의 유해로 만들어진 이 규조연니는 장래 규조토르 바뀔 자원이다.

글로비게리나 연니(globigerina ooze)는 탄산석회질 연니로, 두께 수백 미터, 100억 톤이나 존재하며 시멘트 원료로 사용이 가능하다. 또 붉은 점토는 전체 해저의 36퍼센트를 점유하고, 알루미늄, 구리, 코발트, 니켈 등을 포함하여 13억 제곱킬로미터에 1,000억 톤 이상에 이르는 대자원으로 잠자고 있다.

연안의 대륙붕에는 육성의 퇴적물이 많지만 얕은 바다에 있는 모래와 자갈도 콘크리트 건축물의 재료가 된다. 석유, 석탄, 천연가스는 2,000미터 깊이까지 자원이 분포되어 있는 것으로 알려져, 그 개발이 진행되고 있다.

하지만 이 자원들은 채굴이 계속된다면 머지않은 장래에 고갈될 것이다. 다시 말해서 재생산이 불가능한 자원이다. 석유와 천연가스 등이 먼저 소진될 것으로 예상된다.

석유 유전은 북극해, 페루시아만, 멕시코만 흑해, 카스피해, 북해, 동남아해, 미얀마, 아프리카 북안 등, 연안에서 100킬로미터 이상, 수심 수백 미터 이상의 곳도 개발하고 있다.

해저 아래에도 석탄과 철, 황의 채굴이 진행되고 있다. 석유는 멕시코만 대륙 사면의 깊이 1,500미터의 해저, 심해평원 3,580미터의 바닥에서도 채유되고 있다. 석유, 천연가스는 과거 지질 시대에 번성한 생물의 유해로 만들어진 '태양광 합성 에너지의 통조림'이나 다름없다.

연안에서 10킬로미터 이내, 30미터보다 얕은 해저에는 모래와 자갈, 패각 석회 외에도 백금, 주석, 금, 지르코늄, 사철(자철광), 모나자이트(monazite), 금홍석(rutile) 등의 중금속 광물이 채광되고, 사파이어와 루비류 등의 보석류도 채광된다. 남서아프리카의 케이프타운 인근 연안 바다에는 다이아몬드 산지도 있다.

심해저의 광물 자원으로 장래 가장 촉망되는 것은 망간 단괴(146페이지 참조) 외에 인회토(phosphorite) 단괴와 홍해(紅海) 등의 열구(rill)골에 있는 고가의 중금속이 풍부한 니대(泥帶)이다.

인회토는 대륙붕 바깥쪽, 대륙 사면 상부 300미터보다 얕은 지대에 있으며, 특히 인산염류가 풍부한 하층수의 용승이 활발한 대륙 서안에 많다.

홍해 중앙의 깊은 곳에는 여러 곳에, 핫홀(熱孔)이라는 수온이 매우 높고(40~50℃), 염분이 많은(20~30퍼센트) 온천수가 솟아오르는 장소가 있다. 그곳의 바닥 진흙은 5퍼센트의 아연, 구리, 납, 은이 함유되어 있어, 그 가치가 20억 불에 이를 것으로 예측되고 있다. 대서양 중앙해령 위에 있는 중추골에도 유사한 해저광산이 존재하는 것으로 보고되었지만, 두 경우 모두 채광은 그리 용이하지 않다.

해양 에너지 자원

파도의 에너지는 파고의 2승에 비례한다. 이 파도의 에너지를 이용하여 전력을 생산하려는 파력발전이 시도되고 있으며 조력발전은 우리나라의 시화호를 비롯하여 프랑스 해안 등 세계 여러 곳에서 이미 전력을 생산하고 있거나 또는 발전소를 건설 중에 있다.

간만의 차를 이용한 조석(潮汐)발전도 이미 프랑스 해안에서 가동한지 오래되었고, 우리나라 서해안, 러시아의 오츠크해 연안, 중국 연안, 캐나다 동쪽 해안에도 조차가 큰 적합지가 많다. 조류발전은 조류의 유속이 8~10노트(초속 4~5미터)이면 가능하지만, 어업과 선박 왕래에 장해를 초래할 수도 있으므로 어려움이 따른다.

해류(海流)발전은 미국의 플로리다 앞바다에서 연구되고 있으며 플로리다 해류(2~6노트)의 8퍼센트만 이용하여도 원자력 발전소 2기분의 에너지를 공해 없이 연속적으로 이용할 수 있다고 한다.

해양온도의 상하차 이용과 하구수역(河口水域) 등의 염분차를 이용하는 발전도 계속 연구되고 있다.

현재 세계가 필요로 하는 에너지의 1만 배 정도가 태양에서 지구면으로 쏟아져 내리고 있다. 근대 문명을 지배하고 있는 동력은 현재 주로 석유, 석탄, 가스와 같은 화석연료에 의존하고 있는 관계로 기상과 바다에 영향을 미칠 뿐만 아니라 생태계에도 큰 변화를 초래하고 있다. 태양열발전, 풍력발전 등으로 이를 극복하려 하지만 공급에는 한계가 있다.

그러므로 이제부터의 인간 생활에는 이러한 사정들을 통찰하여, 에너지의 낭비를 줄이는 것이 매우 중요하다. 지열 에너지의 총량은 수천만 킬로와트 정도이지만 조석동력에 나타나는 중력 에너지는 수억 킬로와트나 된다.

이후 20~30년 후면 세계의 총인구가 100억 명에 이를지도 모른다. 그러면 인간 생존을 위한 식량 생산에 몇십억 킬로와트의 전력이 필요할 것이다. 그것을 태양 에너지로 감당하지 않으면 안 된다.

현재 지구상의 광합성에 사용되는 태양 에너지는 수백 킬로와트, 유기물 분해에 의해서 발생하는 에너지는 수백억 킬로와트, 해양열 에너지는 수백억 킬로와트, 유기물 분해에 의해서 발생하는 에너지는 수백억 킬로와트, 해양열 에너지는 수백억 킬로와트, 풍력에너지는 수십억 킬로와트, 눈비 등에 포함되는 에너지는 수십 킬로와트, 수력 전기 에너지는 수억 킬로와트, 해조류 에너지는 수천만 킬로와트 정도인 것으로 추정되고 있다. 이들 에너지는 오염을 동반하지 않는 깨끗한 에너지이므로 '청정 에너지'로 평가된다.

가축에 의한 연간 20억 톤의 배설물을 세균으로 분해하여 수십억 킬로와트의 동력원을, 또 도시의 분뇨와 주방에서 배출되는 음식물 쓰레기로부터 몇천만 킬로와트의 동력을 얻을 수 있다.

바다의 다목적 이용

해양 공간의 이용으로는 공항, 레크리에이션, 보트 · 요트놀이, 서핑, 해수욕, 낚시, 잠수, 해상공원, 운수, 통신, 군사이용 등을 들 수 있다.

바다를 다목적으로 이용할 때 종합적인 조화(調和)를 생각하지 않으면 파괴를 야기하게 된다. 최근 특히 문제가 되는 것은, 일본의 후쿠시마(福島) 원자력 발전소에서 보듯, 원자력 에너지의 안전성과 폐기물 처리, 온배수, 핵무기 등, 많은 문제가 가로놓여 있다.

바다의 오염

최근 40~50년 정도 사이에 세계의 해양은 크게 오염되었다. 우리나라 태안 앞바다의 석유 유출에서 보듯, 해양 오염은 수산생물에 심각한 영향을 미쳐, 이대로 방치한다면 인류의 장래가 암담할 것이라는 우려가 크다.

바다를 통한 석유의 유통은 해양 유전의 개발과 더불어 해마다 늘어나, 1980년대 초반 600~2,000만 톤/년으로 추산되었던 것이 오늘날 3,000만 톤/년에 이를 것이라는 견해도 있다.

1967년 영불해협에서 발생한 석유운반선의 좌초사고의 경우 11만 6,000톤의 기름이 유출되고, 1974년에는 일본에서 6만 4천 톤의 기름 유출사고가 발생했다. 물론 우리나라 태안 앞바다에서의 석유 유출사고도 아직 국민들의 기억에 생생하다.

석유에는 2~3ppm의 벤조피렌(benzo[a]pyrene) 같은 발암물질이 함유되어 있어, 어패류를 통해 인체 건강에 해독을 미친다. 이것은 언뜻 보기엔 낮은 농도인 것으로 생각하기 쉽지만, 사시사철 바다로 흘러드는 도시와 공장으로부터의 폐유 · 폐수는 연안을 오염시키는 주된 요인이 되고 있다. 이러한 오염원의 유입을 막으려면 인간의 용단이 필요하다.

미생물에 의해서 분해되는 석유와는 달리, 살충제와 농약 등은 좀처럼 분해되지 않고 오래도록 잔류하는 독극물이 함유되어 있고, 만약 원자력 발전소에서 방사성 물질이 누출된다면 그것은 감쇠가 느려 장기간에 걸쳐 오염을 남길 우려가 있다. 주로 자동차의 배기가스로 인한 염화연이 발생원이 되어 연안수질의 납 오염은 꾸준히 증가하고 있다.

이와 같은 오염 물질은 연안 해저에 퇴적하는 진흙 속에 축적되었다가 연안의 부속생물(굴, 우렁쉥이 등)과 바다에 사는 생물(조개류, 갯지렁이, 새우, 게 등)을 오염시킨다.

그러므로 역으로 이러한 바닥 흙이나 생물을 채집하여 분석하면 오염의 정도를 규명할 수 있다. 각종 오염 물질의 잔류 체재기간은 보통 총량을 유입률로 나누어 구한다. 오염되기 쉬운 하구의 연안수역 등, 얕은 바다에서는 외양보다 생물 생산력이 높지만 '생물농축'으로 인한 오염의 정도도 심한 편이다.

어떤 종의 생물은 특정한 화학 물질을 몸 안에 축적하는 능력을 갖고 있다. 예를 들면, 바나듐은 바닷물 안에 10억 분의 1ppb라는 낮은 농도로 존재하지만 갯지렁이는 혈액 속에 1,000분의 1 농도, 즉 100만 배나 농축하여 축적한다.

수십 년 전에만 하여도 절제 없이 사용되었던 DDT는 표층수에 그 농도가 1조 분의 1일지라도 어류의 체내에서는 그 몇백만 배로 농축되므로 그것을 먹은 새가 죽고, 끝내는 인간에게도 위해를 미친다.

DDT 등의 살충제, 농약이 광범위하게 세계적으로 사용되기 시작한 것은 제2차 세계대전 후로, 오늘날까지 70여 년 사이에 1,000만 톤 이상이 사용되었다고 한다. 그래서인지 하구의 진흙 속에는 오래 그 독성이 남아 있다.

마찬가지로 유기화합 물질인 PCB(폴리비닐비페닐)도 과거 전기 절연재료로 많이 사용되어, 오늘날 심해의 진흙에서 검출된다. 대서양에서 검출된 PCB 평균 농도(ppb)는 해수 3000, 해조 1200, 어류 200, 플랑크톤 10~50, 저생생물과 바닥 진흙에 1, 바닷물에 0.001로 각각 나타났다.

1972년 스톡홀름에서 UN 인간환경회의가 개최되어, 세계적인 환경 감시가 발걸음을 내딛었다. 그리고 1975년에는 UN해양법회의에서 연안국은 영해와 경제수역에서 오염을 막아 해양 환경을 보존할 책임이 부여되고, UN에서는 오염과 난획을 금지하고, 환경 기준에 부합되는 사업을 허가하기 위한 세계적 협력조사가 시작되었다.

1974년에는 세계인구회의, 세계식량회의, UN자원회의, UN에너지회의가 이어져, 이미 지구는 유한의 공간, 식량, 자원, 에너지에 부합되는 인구에 한정하여야 할 시대에 이르렀다는 것을 확인했다.

그리하여 '자원은 인류의 공유재산'이므로 소중하게 재생 순환 이용하는 것과 생태계 보전을 정책상 우선시켜 '가치 있는 정치' 상태를 지양할 것이며, 태양-지구(해양, 바람, 지열 등)의 에너지, 특히 오염이 없는 재생 이용이 가능한 수소 에너지(연소되면 산소와 결합하여 물이 되고, 그 수자원을 이용하여 재생산이 가능하다)에 의존하는 생활, 문명이 이상상(理想像)으로 그려지게 되었다.

해양의 오염 방지는 비록 비용이 들더라도 실행하지 않는다면 인류의 미래가 없다. 도시와 공장 등의 쓰레기, 폐기물질을 완전 처리하여 재생, 이용하는 것을 장려하여야 한다. 비닐, 플라스틱, 고무 등, 폐기된 고형(固形物)이 분해되지 않고 언제까지나 바다에 떠다니게 되면 바다거북과 바닷새 등이 그것을 먹이인 해파리로 알고 배부르게 먹고는 소화하지 못해 죽는 사고가 늘어나고 있다.

미지의 화학 물질을 관리하지 않고 바다로 흘려보내 큰 사고를 초래한 예로 수보병(minamata disease)이라는 것을 들 수 있다. 일본 규슈(九州) 남서안의 미나마타 만에 일본질소비료회사가 촉매로 사용한 수은 폐액을 흘려보내, 어패류가 메틸수은 염화물에 오염되었다.

그것을 먹은 인간과 고양이 등이 유출된 지 15년이 지난 1951년 무렵부터 신경병에 신음하기 시작하여 1959년에 이 병을 진단받은 환자가 70여 명에 이르렀고, 사망자도 속출했다. 1969년 경에는 스웨덴에서도 수은계 농약에 오염된 어패류가 발견되기도 하였다.

우리나라의 경우, 60년대 말부터 70년대에 걸쳐 경제가 급속도로 발전하기 시작했다. 80년대에 이르자 그 경제성장의 대가로 환경 파괴, 공해가 두드러지기 시작했고, 해안의 아름다운 백사장과 갯벌이 줄어들어 패류의 생산과 어류의 산란, 치어의 생육에 영향을 미치게 되었다.

이제 우리는 풍요로운 자연을 소중하게 보전하여, 따뜻한 기분으로 감사하며 생활할 수 있도록, 지혜를 발휘하여 쾌적한 환경을 만들어 나가야 한다. 식품의 보전도 유해한 것의 사용을 금하고 쓰레기, 고형 폐기물과 하수 등을 함부로 버리지 말며, 자원 절약 정신을 키워 나가야 한다.

원자력발전소의 경우는, 대량의 냉각용 고온 배수로 인해 어류의 회유와 동식물 플랑크톤, 산란, 치어에 대한 악영향이 문제가 되고 있다. 일본의 후쿠오카 원자력 발전소에서 보듯이, 만약 방사성 물질의 누출 사고라도 발생한다면, 안전을 보장하기 어렵다.

자원의 재생 이용과 환경 오염은 역시 공해가 없는 해양에너지 등을 개발하여 적극적으로 대체하여 나가는 것이 오늘날을 사는 우리들에게 부과된 명제이다.

산업과 원료도 외국으로부터의 수입에 너무 의존할 것이 아니라 국내에서 재생산하여 되도록이면 자급자족하는 검소한 정신을 길러 나가야 하고, 수산물의 증 · 양식에 있어서는 탱크나 저수지만으로는 한계가 있으므로 대자연의 환경을 소중하게 보전하여 그에 순응하는 방식을 창출해야 한다.

하수에서 나오는 부영양을 효과적으로 사용하여 식량 부족에 기여하는 사업은 이미 오래 전에 미국에서 시험 연구에 성공한 바 있다. 물론 병해, 독해를 야기하는 것을 말끔하게 제거하는 처리가 선행되었다.

이렇게 하여 적조(赤潮)의 화를 위복으로 돌려 자원으로 활용할 수 있다. 중하(penaeidea ; 복부에 청색과 갈색 무늬가 있는 중새우)와 작은 새우(shrimp) 등도 양식할 수 있다고 한다. 수온이 적합하다면, 못에서 양식하는 경우 5~7년이나 걸리던 것이 2년 정도면 성장 출하할 수 있다고 한다.

해조류(seaweed)는 특히 질소, 인 등을 섭취하여, 우리들에게 재생산을 통해서 신속하고 크게 환원시켜 준다. 식량자원으로서 뿐만 아니라 거대 갈조(brown algae)를 바닷속에서 양식하여 메탄가스를 추출하는 데도 성공하였다. 천연 환경의 장기 예보가 농어업 생산에 필요하다.

세계적으로 긴박한 식량 문제도, 아직 이용되지 못하고 있는 내수면과 내만, 특히 열대의 망그로브 습지대 등, 적합지에서 새우, 게, 패류, 어류, 조류를 증 · 양식한다면 40만 제곱킬로미터에서에서 1억 톤의 증산이 가능할 것이라고 한다.

현재 세계 해산 어획량의 60퍼센트는 북서태평양, 남동태평양, 북동대서양 등에서 획득하고 있지만 열대, 남반구의 온대, 한대에 대한 개발을 더 적극적으로 추진한다면 수천만 톤의 증산이 가능할 것이라는 전망도 있다.

바다는 분명히 살아 있다. 우리는 우주의 물질과 태양 에너지로 태어나 태양에 의한 생물 생산을 이용하여 생존하고 있다.

오염물질, 폐기물로 인해 바다를 죽여서는 안 된다. 바다가 죽을 때,

생태계가 파괴될 때는 인류의 멸망, 종말이 따른다. 눈앞의 욕심에 현혹되어 앞날을 생각하지 않고 자기 손으로 자기 목을 조이는 어리석음을 과감하게 떨쳐버려야 한다. 바다에 대한 외경심(畏敬心)은 바로 삶에 대한 외경심이다.

'바다의 평화'는 태양 에너지에 대한 신뢰와 감사를 바탕으로 한, 균형이 잡힌 인구, 식량, 에너지로 환경을 지키는 것으로 성립된다.

바다 생물들은 환경과의 관계에서 절묘한 밸런스를 유지하고 있다. 그리고 후각도 미각도 예민하고, 특히 바닷속 소리에는 민감하다. 시각과 색채도 판별하는 능력을 가지고 있다. 오징어, 문어 등은 밸런스 감각이 뛰어나다. 세균과 상어, 가오리 등은 전기 감각과 지자기 방향 감각까지 가지고 있으며, 돌고래는 특히 영리하다.

물속에 사는 생물에 대하여 우리는 아직 모르는 것이 너무나 많다. 해류의 변화를 잘 파악하여 바다와 기상을 보다 정확하게 예측할 수 있다면 생물과 어획의 동향도 그만큼 정확하게 예지할 수 있을 것이다. 인류의 앞날에는 많은 연구과제가 남아 있다.

| 찾아보기 |

【ㅂ】

【ㅅ】

해양과학과 인간

2017년 1월 10일 인쇄
2017년 1월 15일 발행

편저자 : 정해상
펴낸이 : 이정일

펴낸곳 : 도서출판 **일진사**
www.iljinsa.com

04317 서울시 용산구 효창원로 64길 6
대표전화 : 704-1616, 팩스 : 715-3536
등록번호 : 제1979-000009호(1979.4.2)

값 15,000원

ISBN : 978-89-429-1506-4